国家骨干高职院校工学结合创新成果系列教材

高电压技术应用

主　编　黄志先

副主编　马华远　石　帅　陈润莲

主　审　谭社平　吴永明

U0294319

中国水利水电出版社
www.waterpub.com.cn

内 容 提 要

本书主要内容包括：电介质的极化、电导和损耗，气体放电机理，电介质的沿面放电和污闪，雷电放电、冲击电压下气隙的击穿特性，固体电介质和液体电介质的击穿原理，固体电介质击穿电压的影响因素，提高固体电介质击穿电压的方法，影响液体电介质击穿电压的因素，提高液体电介质击穿电压的方法，电气试验，雷电过电压及防雷，避雷针和避雷线的保护范围，避雷器和接地装置及输电线路防雷保护，发电厂和变电站的防雷保护，电力系统绝缘配合等。

本书可作为高职院校电力技术、电气工程相关专业学习高电压技术的教材，也可作为电力工程技术人员的参考书。

图书在版编目（CIP）数据

高电压技术应用 / 黄志先主编. -- 北京 ： 中国水利水电出版社，2015.6（2021.1重印）
国家骨干高职院校工学结合创新成果系列教材
ISBN 978-7-5170-3186-4

Ⅰ．①高… Ⅱ．①黄… Ⅲ．①高电压－技术－高等职业教育－教材 Ⅳ．①TM8

中国版本图书馆CIP数据核字(2015)第109037号

书　　名	国家骨干高职院校工学结合创新成果系列教材 **高电压技术应用**	
作　　者	主编　黄志先　主审　谭社平　吴永明	
出版发行	中国水利水电出版社 （北京市海淀区玉渊潭南路1号D座　100038） 网址：www.waterpub.com.cn E-mail：sales@waterpub.com.cn 电话：(010) 68367658（营销中心）	
经　　售	北京科水图书销售中心（零售） 电话：(010) 88383994、63202643、68545874 全国各地新华书店和相关出版物销售网点	
排　　版	中国水利水电出版社微机排版中心	
印　　刷	北京瑞斯通印务发展有限公司	
规　　格	184mm×260mm　16开本　10.75印张　255千字	
版　　次	2015年6月第1版　2021年1月第3次印刷	
印　　数	4001—6000册	
定　　价	**38.00元**	

凡购买我社图书，如有缺页、倒页、脱页的，本社营销中心负责调换

国家骨干高职院校工学结合创新成果系列教材
编　委　会

前言

为贯彻落实《教育部关于以就业为导向深化高等职业教育改革的若干意见》的精神，加强教材建设，确保教材质量，满足学科发展和人才培养的需求，编写了本书。

"高电压技术"是一门实践性很强的课程，本书总结了广西水利电力职业技术学院及其他相关院校的教学经验，以专业应用为目的，以工作任务为导向，为高职教学服务选择了和高电压技术高职教学层次相关的内容，去除了传统教材中和高职教学层次关系不强的内容，并对课程内容进行了项目化分析整理，使教材的内容更接近工程实际，更适合高职教学使用。本书体现了理论知识、实际操作指导书、规程规范三者合一的特点，其中更注重体现高电压技术在电力工程中的应用。

本书共分为6个项目，分别是：认识介质电气强度、避雷器试验、互感器试验、断路器试验、电力电缆试验、过电压及防护。其中项目1和项目6由黄志先编写，项目2和项目5由马华远编写，项目3和项目4由石帅编写，黄志先负责全书统稿；由广西水利电力职业技术学院谭社平高级工程师、广西电力工业勘察设计研究院吴永明高级工程师任主审，黔西南民族职业技术学院陈润莲副教授提出了许多宝贵意见，在此致以诚挚的感谢！

由于编者水平有限，经验不足，不妥与错误之处在所难免，敬请读者批评指正。

编者

2014 年 9 月

目　录

项目1 认识介质电气强度

【学习目标】

（1）基本电现象：绝缘、游离、电晕、极化、电导、损耗、击穿、老化。

（2）基本电理论：电子崩，流注放电，自持放电，先导放电，滑闪放电，沿面放电，介质电击穿理论，液体小桥击穿理论，热击穿、化学击穿。

【项目导航】

该项目设置了绝缘油、空气介质的击穿试验两项任务，旨在发现液体介质、气体介质在高电压、强电场下的现象。

任务1.1　测定绝缘油击穿电压

【任务导航】

该任务的目的在于观察绝缘油在高电压下放电击穿的现象，进而了解液体介质的电气强度规律。要求使用升压设备获得足够高电压用以击穿绝缘油。

1.1.1　准备相关技术资料

（1）相关知识。按照导电能力的强弱将自然界的物质分为三类：导体、半导体、绝缘体。其中绝缘体是不导电的物质，在高压研究领域通常将绝缘体称为电介质；电介质在高电压、强电场下会出现如极化、电导、损耗、击穿等现象。认识电介质在电场中的特性，在高电压绝缘应用方面具有重要意义。

1）击穿。绝缘介质在电场作用下形成贯穿性通道，发生放电，使电极之间的电压降至零或接近零的现象。

2）击穿电压。在规定试验条件下绝缘试样发生击穿时所对应的电压称为击穿电压。

该项任务一般针对20℃时黏度不大于$50\text{mm}^2/\text{s}$的各种绝缘油，例如变压器油、电容器油、电缆油等新油或使用过的油，但主要用于新油。

（2）测定方法。将一个按一定速率连续升压的交变电压施加于存放在试验用油杯里的绝缘油试品，直至油击穿。

（3）规程有关条目。有关的规程有：GB 50150—2006《电气装置安装工程 电气设备交接试验标准》、DL/T 596—1996《电力设备预防性试验规程》、GB/T 507—2002《绝缘油 击穿电压测定法》、DL/T 429.9—1991《绝缘油介电强度测定法》等。

其中《电气装置安装工程 电气设备交接试验标准》规定绝缘油击穿电压的标准：500kV 电压等级，≥60kV；330kV 电压等级，≥50kV；60～220kV 电压等级，≥40kV。

DL/T 596—1996《电力设备预防性试验规程》规定绝缘油击穿电压的标准：500kV 电压等级，≥50kV；66～220kV 电压等级，≥35kV；330kV 电压等级，≥45kV；35kV 及以下电压等级，≥35kV。

（4）准备出厂、历史数据。

（5）分解任务，编制任务操作单。

1.1.2 成立工作班组

根据班级具体人数分成若干个工作班组，每班组人数在 3～6 人为宜。

（1）选定 1 名负责人。负责组织开展工作。

（2）选定 1～2 名安全监督员。负责监督工作期间的安全措施是否到位，防止发生违反安全生产的行为，保证工作班组成员和仪器设备的安全。

（3）选定操作员。工作班组其余人员为操作员，轮流或协助操作，完成工作任务。

工作班组各岗位可轮流担任，尝试不同岗位责任和任务技能。

1.1.3 准备设备器具

（1）绝缘油电气强度测试仪。用于产生符合试验要求的电压。试验电压值是电压的有效值，电压调节可采用自动升压方法，易于得到匀速升压效果。

（2）试验油杯。试验油杯由杯体与电极两部分组成。油杯杯体是由电瓷、玻璃、塑料材料制成的容器，最小容积应为 300mL，杯体可密闭。电极则由铜、黄铜、青铜、不锈钢材料制成，呈平板形，水平安装，板间距 2.5mm。电极间隙用块规校准，要求精确至 0.1mm。电极轴浸入试油的深度应为 40mm 左右。

1.1.4 安全工作要求

（1）执行任务过程中要严格遵守 DL 409—1991《电业安全工作规程》。

（2）分析危险因素、提出防控措施。

1）高压的电极造成触电伤害。保持安全距离，严禁触碰电极，仪器接地点可靠接地。

2）高温的试样造成烧烫伤。保持安全距离，佩戴防护手套和防护眼镜，加压过程严禁打开高压舱保护罩。

（3）采取组织措施保证安全。执行工作许可、工作监护的规定。

（4）高压设备带电时的安全距离见表 1.1。

表 1.1　　　　　　　　　　高压设备带电时的安全距离

电压等级/kV	安全距离/m	电压等级/kV	安全距离/m
10 及以下	0.70	60～110	1.50
20～35	1.00	154	2.00
44	1.20	220	3.00

1.1.5 执行任务

（1）取油样。准备取样瓶，取样瓶要用清洁、干燥的专用取样器，并贴好标签。

（2）准备样品。准备油杯，操作应在清洁干燥的场所进行，以免污染试样。处理油样，使油中杂质均匀分布但又不形成气泡。静置油样，油杯注油并静止 15min。油样试验时应和室温接近。

（3）检查电极表面，并调整间距电极距离为 (2.50±0.05)mm，电极轴浸入试油的深度应为 40mm 左右。

（4）设定测试仪有关参数，主要是升压速率，启动仪器测量。

（5）观察现象。电极间发生瞬间火花（听得见的或可见的）、恒定的电弧。人工断开电路，或要求测试仪能在击穿发生 0.02s 内自动断开电路，切断电压。记录数据。

（6）用清洁干燥的玻璃棒轻轻搅拌电极间试样，搅拌时尽可能地避免空气泡的产生。静置 1～5min，进行下一次加压，重复进行 6 次试验，取其平均值。

（7）关闭仪器电源。

1.1.6 结束任务

（1）小组总结会。检查反馈学生任务完成情况，学生汇报自评、教师评价。

（2）编制任务报告表。要求编制工作任务流程图、任务操作表、报告表。

1.1.7 知识链接

1.1.7.1 变压器油电气性能

（1）击穿电压。变压器油的击穿电压是其耐受极限电压的能力，是保证变压器油安全运行的重要因素。运行中变压器油的击穿可直接导致设备的损坏。

（2）介质损耗因数。该参数反映油中泄漏电流引起的功率损失的大小。它敏感地反映油的老化及污染程度，对反映油的绝缘水平有重要意义。

1.1.7.2 变压器油中的杂质

（1）水分。变压器油中水分杂质的来源有由外侵入和油自身产生两种途径。外部途径主要有如变压器呼吸器吸潮、少油设备（互感器、套管）油取样时破坏真空使潮气进入油中。

变压器油中的水分杂质对油本身以及用油设备的绝缘有较大危害，运行的变压器油含有微量的水分就会急剧降低油的击穿电压，使油的介质损耗因数增加，使绝缘纤维老化，并使其介质损耗升高。

（2）其他杂质。油品中的其他杂质是指存在于油品中所有不溶于油的沉淀或悬浮状态的物质，这些杂质主要为沙粒、硅胶颗粒、金属屑等，一般是因为油在高温电弧的作用下，因氧化分解而产生的。变压器油中的这些杂质对油的电气性能影响也很大，影响电气设备的安全经济运行。

1.1.7.3 变压器油物理性能

（1）凝点（倾点）。凝点（倾点）是表征油品低温流动性的指标。凝点是指液体油品在一定条件下，失去流动性的最高温度。而倾点则是油品在一定条件下，能够流动的最低温度。

（2）黏度。油品的黏度对油的冷却效果的发挥有着密切的关系，黏度越低，油品的流动性越好，冷却效果也越好。因为低黏度有助于变压器油流经油道，浸渍绝缘，充分循环。

变压器油的低凝点与倾点对变压器油的应用具有非常重要的意义。如变压器凝点（倾点）低，则可在较低的环境温度下保持低黏度，从而保证运行变压器内部的正常循环，确保绝缘和冷却效果。其黏度随温度的下降而上升，直到成为半固体，此时油的冷却效果几乎为零，因此，对于在寒带运行的变压器来说，油品必须有较低的倾点。

1.1.7.4　认识液体介质的击穿机理

在高电场下发生击穿的机理，主要分为电击穿理论和气泡击穿理论两种。

（1）电击穿理论以液体分子由电子碰撞而发生游离为前提条件，主要用于解释纯净液体电介质的击穿，其击穿场强很高。

（2）气泡击穿理论认为液体分子由电子碰撞而产生气泡，或在电场作用下因其他原因产生气泡，由气泡内气体放电而引起液体介质的热击穿。液体绝缘常因受潮而含有水分，并有从固体材料中脱落的纤维，由于水和纤维的介电常数非常大，在电场作用下，它们易极化，沿电场方向排列成杂质"小桥"。当"小桥"贯穿两极时，则由于水分及纤维等的电导大，引起流过杂质"小桥"的泄漏电流增大，发热增多，促使水分汽化，形成气泡；即使是杂质"小桥"未连通两极，由于纤维的存在，可使纤维端部油中场强显著增高，高场强下油发生游离分解出气体形成气泡，而气体的介电常数最小，分担的电压最高，其击穿场强比油低得多，所以气泡首先发生游离放电，游离出的带电质点再撞击油分子，使油又分解出气体，气体体积膨胀，游离进一步发展；游离的气泡不断增大，在电场作用下容易排列成连通两极的气体小桥时，就可能在气泡通道中形成击穿。"小桥"理论可以解释含有杂质液体的许多击穿现象。

1.1.7.5　认识影响液体介质击穿的因素

1. 油品质的影响

从"小桥"理论可知，由于液体中含有杂质，使液体介质击穿电压显著下降。杂质的存在将极大地降低液体的击穿电压；电场越均匀、电压作用时间越短，杂质的影响越大。含微量水分的变压器油的击穿电压大幅下降，当油中含水量达十万分之几时，对击穿电压就有明显影响。但是如果水分溶解于液体介质中，对击穿电压的影响却不明显。而如果水分在液体中呈现悬浮状态，则易形成杂质"小桥"使击穿电压显著下降。

2. 温度的影响

一般认为液体介质的击穿电压与温度的关系较复杂。受潮的油的击穿电压随温度升高而上升。其原因是油中悬浮状态的水分随温度升高而转入溶解状态，以致受潮的变压器油在温度较高时，击穿电压可能出现最大值。而当温度更高时，油中所含水分汽化增多，在油中产生大量气泡，击穿电压反而降低。干燥的油受温度影响较小。均匀电场油间隙的工频击穿电压随温度的升高而降低；在极不均匀的电场中，随温度上升，工频击穿电压也是下降；不论在均匀电场中还是在不均匀电场中，随温度上升，冲击击穿电压均单调地稍有下降。

3. 电压作用时间的影响

油的击穿电压与电压作用时间有关。由于给绝缘油加压后杂质"小桥"形成所需的时间，所以油的击穿现象也就需要一定的时间。当电压作用时间较长时，油中杂质有足够的时间在间隙中形成杂质"小桥"，击穿电压下降。电压作用时间较短时，杂质来不及形成"小桥"，击穿电压就显得比较高。所以作用时间越短，击穿电压也就越高。可得知，1min 以后的击穿电压和长时间作用下的击穿电压已经相差不大。在电压作用时间短至几微秒时击穿电压很高，击穿有时延特性，属电击穿；电压作用时间为数十到数百微秒时，杂质的影响还不能显示出来，仍为电击穿，这时影响油隙击穿电压的主要因素是电场的均匀程度；电压作用时间更长时，杂质开始聚集，油隙的击穿开始出现热过程，于是击穿电压再度下降，为热击穿。

4. 压力的影响

不论电场均匀度如何，液压的大小决定了液体气泡中的气压，随液压的增加液体中气泡的电离电压增高和气体在油中的溶解度增大，因此液体介质的击穿电压随压力的增加而增大。

5. 电场均匀程度的影响

液体电介质击穿电压的分散性与电场的均匀程度有关，电场不均匀程度增加，击穿电压的分散性减小。

1.1.7.6 提高液体电介质击穿电压的方法

1. 提高以及保持油的品质

采用过滤等手段消除液体中的杂质，并且防止液体与空气接触从空气中吸收水分，该方法能够消除杂质"小桥"的成因，从而提高击穿电压，特别对均匀电场和持续时间较长的电压作用时间有效。

2. 覆盖层

在金属电极表面紧贴一层固体绝缘薄层，使"小桥"不能直接接触电极，从而很大程度上减小了泄漏电流，阻断了"小桥"热击穿过程的发展，适用于油本身品质较差、电场较均匀、电压作用时间较长的情况。在变压器中常利用较薄的绝缘纸包裹高压引线和绕组导线。

3. 绝缘层

在金属电极上紧贴较厚的固体绝缘层。因该固体介质的介电常数大于液体介质，而减小了电极附近的电场强度，防止了电极附近局部放电的发生，适用于不均匀电场。在变压器中常在高压引线和屏蔽环包裹较厚的绝缘层。

4. 屏障

在电极间油隙中放置固体绝缘板。它能机械地阻隔杂质"小桥"成串，而且能够在不均匀电场中起到聚集空间电荷、改善电场分布的作用，适用于均匀电场和不均匀电场中电压作用时间较长的情况。对于作用时间很短的冲击电压，则通过阻挡光子传播来阻碍流注的发展，提高冲击击穿电压。在变压器中常利用绝缘板做成圆筒、圆环等形状，放置在铁芯与绕组、低压绕组与高压绕组之间，并且常放置多个，将油隙分成几个小油隙。

任务1.2 气体冲击电压放电

【任务导航】

了解冲击电压发生器的结构、产生冲击电压的原理和操作方法；了解用分压器与示波器测量冲击电压的方法；观察气体间隙放电、击穿现象；观察在均匀电场和不均匀电场下的气体间隙击穿电压以及不同幅值冲击电压作用下击穿电压波形中放电时延的变化。

1.2.1 准备相关技术资料

（1）相关知识。气体介质在高电压、强电场作用下会出现亮光、响声导电等现象，它是因为气体微粒子发生电离而导致电极间贯穿性放电的引发现象。气体介质击穿与很多因素有关，其中主要的因素是电压、电极形状等；气体介质可在冲击电压下被击穿。

冲击电压试验是电力设备高压试验的基本项目之一，既可用于研究电力设备绝缘在遭受大气过电压（雷击）时的绝缘性能，又可用于研究电力设备遭受操作过电压时的绝缘性能。

（2）规程有关条目。

1.2.2 成立工作班组

根据各自掌握技术资料的程度组合成立工作班组，每班组人数在3~6人为宜。

（1）选定1名负责人。负责组织开展工作。

（2）选定1~2名安全监督员。负责监督工作期间的安全措施是否到位，防止发生违反安全生产的行为，保证工作班组成员和仪器设备的安全。

（3）选定操作员。工作班组其余人员为操作员，轮流或协助操作，完成工作任务。

工作班组各岗位可轮流担任，尝试不同岗位责任和任务技能。

1.2.3 准备设备器具

1. 冲击电压发生器

（1）对冲击电压发生器的基本要求：

1）可输出几十万甚至几百万伏的高电压，电压足够高才足以模拟雷电或操作过程产生的高压，用来试验电气设备的绝缘才有意义。

2）电压具有一定波形，可模拟雷电或操作过电压的实际波形。

（2）冲击电压发生器原理。目前的冲击电压发生器原理基本上是依据马克斯（Marx）发明的冲击电压发生器原理。

冲击电压发生器原理接线图如图1.1所示。

冲击电压发生器产生高压的基本原理是"并联充电，串联放电"。

并联充电：通过硅堆VD，使C_1~C_4均充电到U；g_1~g_4球隙上电位差也为U，g_0上无电压；调节g_1~g_4球隙距离，使其放电电压大于U。这是一个稳定的并联充电状态。

串联放电：当给点火球隙的针级送去脉冲电压，引起点火球隙放电，于是C_1的上极

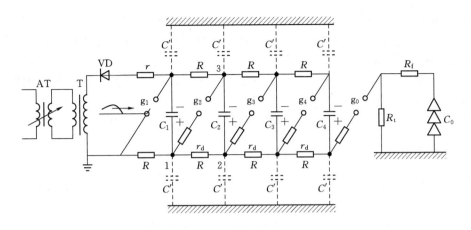

图 1.1　冲击电压发生器原理接线图

R—充电电阻；r—硅堆保护电阻，r＝(10～20)R；C_1～C_4—主电容；r_d—阻尼电阻（阻尼波形振），
几欧至几十欧；g_1—点火球隙；g_2～g_4—中间球隙；g_0—隔离球隙；R_f—波头串阻；
R_t—波尾电阻；C_0—被试及测量设备的电容

板经 g_1 接地；点 1 电位由 0 变为 $-U$；C_1、C_2 有电阻 R 隔离，R 较大，在 g_1 放电瞬间，点 2、点 3 电位不可能突然改变，点 3 电位仍为 $+U$。g_2 上的电位差上升为 $2U$，g_2 放电，点 2 电位为 $-2U$。同理，g_3、g_4 也跟着放电；隔离球隙 g_0 也放电，这时输出电压为 C_1～C_4 上电压的总和，即 $-4U$。通过一组球隙逐次顺利完成串联放电过程。

可见冲击电压发生器靠一组球隙击穿来达到放电输出高压的目的，所以原理可概述为：电容并联充电，串联放电。

而波形则与两个电阻有关：R_f 与波头时间有关，称波头电阻；R_t 与波尾时间有关，称波尾电阻。输出电压波形大致如图 1.2 所示。

2. 放电棒

放电棒是利用绝缘材料加工而成。放电棒便于在室内外各项高电压试验中使用，特别在做直流耐压试验后，试品上有累积的电荷，进行对地放电，保证人身安全。

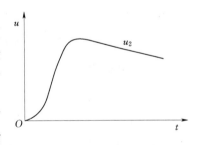

图 1.2　冲击电压输出波形

使用方法：将地线的另一端与大地连接，接地要可靠，把配制好的接地线插头插入放电棒的头端部位的插孔内。放电时应在试验完毕后，试验装置切断电源。放电时应先用放电棒前端的金属尖头，慢慢靠近已断开试验电源的试品。此为经过一放电电阻进行对地放电；然后再用放电棒上接地线上的钩子去钩住试品，进行第二次直接对地放电。

1.2.4　安全工作要求

（1）执行任务过程中要严格遵守 DL 409—1991《电业安全工作规程》。

（2）分析危险因素、提出防控措施。

1）冲击高压易造成触电伤害。保持安全距离，严禁触碰电极，仪器接地点可靠接地。

2）冲击高压易在接地装置上产生残压升高接地点电位，要求试验场所有装置独立接地且接地电阻小于4Ω。

3）电容储存电荷造成触电伤害，测量之前要进行2～3次的预放电；每次测试完毕切断电源，都要将接地棒挂在充电电容器的高压端。

（3）采取组织措施保证安全。执行工作许可、工作监护的规定。

1.2.5　执行任务

（1）对冲击电压发生器进行接线并检查。调压器是否在零位，示波器测量回路接线是否正确。

（2）检查接地棒是否接地良好，置于冲击发生器电容器上。

（3）将球隙调节至适当位置。

（4）将接地棒从冲击电压发生器的电容器上取下，作升压准备。

（5）开启数字示波器电源，根据分压器分压后的电压幅值和被测冲击电压波形的时长参数调节示波器相应的测量参数。

（6）合闸。开始缓慢均匀升压，启动点火装置，使冲击电压发生器动作，同时可在示波器上观察冲击电压波形。

（7）观察示波器上显示的冲击电压波形，记录波形。

（8）改变输出电压幅值，观察气隙的放电时延变化。

（9）试验完毕，切断电源，用接地棒将冲击电压发生器的充电电容放电，并将接地棒挂在电容器高压端。

1.2.6　结束任务

（1）小组总结会。检查反馈学生任务完成情况，学生汇报自评、教师评价。

（2）编制任务报告表。要求编制工作任务流程图、任务操作表、报告表。

1.2.7　知识链接

1.2.7.1　气体中带电质点的产生和消失

气体是电气设备中的常见的绝缘介质，工程中使用得最多的是空气和SF_6气体。正常情况下，气体是绝缘体，但会存在少量的带电质点。在电场作用下，这些带电的质点会作定向运动而形成微弱电流。但由于带电质点数量极少，电流也就极弱小，所以仍可认为气体是良好的绝缘体。

气体中带电质点的产生有两个途径：一是气体本身发生游离；二是气体中的金属电极发生表面游离。

物理上认为任何介质都是由原子组成的，原子则由带正电的原子核和外层电子构成。由于原子核、电子所带正、负电荷相等，故大多情况下原子显电中性。如果电子从外界吸收足够大的能量，使原子中的一个或几个电子脱离原子核的束缚而形成自由电子，而原子则因失去电子成为正离子，则认为该原子发生了游离，原子从中性质点成为游离状态，气体中就产生了带电质点。

游离的形式一般认为有以下几种方式：

（1）碰撞游离。在电场作用下，电子被加速获得动能，如果它和气体原子发生碰撞，就可能使气体原子产生游离而分裂成正离子和电子。这种游离称为碰撞游离，这是气体中带电质点数目增加的重要原因。

（2）光电离。由于光射线的原因所引起的游离过程称为光电离，同样在气体放电中起着重要作用。光其实是光子，光电离可看作光子与气体质点发生碰撞，产生正离子和自由电子，此时产生的电子称为光电子。可见光一般不能发生光电离，X射线、γ射线、剧烈反应过程中释放出的光子等可以引起光电离。

（3）热游离。因气体分子热运动状态引起的游离称为热游离。一般认为其实质仍是碰撞游离和光游离，只是直接的能量来源不同而已。

（4）表面游离。在气体中的金属电极表面游离出自由电子的现象称为表面游离。如离子在电场中向吸引其的电极运动，碰撞电极时使电极金属表面逸出电子，但一般是正离子碰撞阴极表面形成。金属表面受到射线的照射，也能发生表面游离。

在气体中产生带电质点的同时，也存在带电质点的消失过程。带电质点消失主要有扩散、中和、复合三种方式。

带电质点总是从高浓度区域流向低浓度区域，这个过程即为扩散，扩散的结果是使得原高带电质点浓度的区域浓度降低。

同时带电质点在电场中肯定受到电场力的作用作定向运动，最终汇入电极，此为中和，中和的结果也是使得带电质点数量减少。

电场中带正、负电荷的质点相遇，结合而还原成中性质点的过程，称为复合。复合的结果同样使得带电质点数量减少。

气体游离的过程中同时存在复合过程。在外加电场的作用下，气体介质最终是发展成击穿还是保持其绝缘能力，则取决于气体中带电质点的产生与消失的量的关系。

1.2.7.2 汤逊理论

20世纪初英国物理学家汤逊（J. S. Townsend）在大量实验的基础上总结出了均匀电场下窄气隙的击穿规律，如今命名为汤逊理论。

汤逊理论认为电子碰撞电离是气体放电的主要原因。如前述可知气体中总会有带电的质点，且多为电子，称为一次电子。该电子在外电场作用下发生运动，产生碰撞电离，形成更多的电子。二次电子则主要来源于正离子碰撞阴极，从阴极逸出电子，形成电流；电子数量越来越多，可由指数函数规律增多，此为电子崩。电子崩使气隙中带电质点数大增，故电流也大大增加。

电子崩的出现形成了二次电子，二次电子的出现是气体自持放电的必要条件。如果当外界游离因素消失就不能维持放电发展的，必须依靠外界因素支持的放电称为非自持放电。而即使外界游离因素不复存在，气隙中游离过程也能继续下去的放电称为自持放电。放电进入自持阶段，并最终导致击穿。

由非自持放电转入自持放电的电压称为起始放电电压。对均匀电场，气隙被击穿，此后可形成辉光放电、火花放电或电弧放电，起始放电电压就是气隙的击穿电压。对于不均匀电场，则在大曲率电极周围电场集中的区域发生电晕放电，击穿电压比起始放电电压可能高很多。

以上描述均匀电场气隙的击穿放电理论称为汤逊理论。可见，汤逊理论的核心是：

（1）电离的主要因素是电子的空间碰撞电离和正离子碰撞阴极产生表面电离。

（2）自持放电是气体间隙击穿的必要条件。

汤逊理论是在低气压、Pd 值较小的条件下进行的放电实验的基础上建立起来的，这一放电理论能较好地解释低气压短间隙中的放电现象。因此，汤逊理论的适用范围是低气压短间隙（$Pd < 26.66\text{kPa} \cdot \text{cm}$）。

1.2.7.3 帕邢定律

当气体和电极材料一定时，气隙的击穿电压是气压 p 与间隙距离 x 乘积的函数。这个关系在汤逊理论提出之前就已为帕邢（Paschen）从实验中总结出来，故称为帕邢定律。帕邢定律为汤逊理论奠定了实验基础，而汤逊理论为帕邢定律提供了理论依据。帕邢定律最明显的表述则为各气体介质当电极材料一定时存在击穿电压最小值。击穿电压存在最小值是因为当极间距离一定时，改变气体气压，电子在运动过程中两次碰撞之间走过的路径（自由行径）很小，电子积累的能量不足以引起气体分子发生游离，因而击穿电压升高；反之，击穿电压也升高。而当压力一定时，改变极间距离，也将改变击穿电压。增大极间距离，必然要升高电压才能维持足够的电场强度，使间隙击穿；反之，减小极间距离，而极间距离太短时，则电子有阴极运动到阳极时，碰撞次数太少，击穿电压也会升高。

由帕邢定律可知，当极间距离 d 不变时，提高气压或降低气压到真空，都可以提高气隙的击穿电压，这一概念具有十分重要的实用意义。

1.2.7.4 流注理论

汤逊理论是在低气压、极小间隙的条件下进行放电实验基础上总结出来的，对低气压下小间隙放电现象能作出很好的解释，但在高气压、长气隙中的放电现象则无法用汤逊理论加以解释，两者间的主要差异表现在以下几个方面：

（1）放电外形。根据汤逊理论，气体放电应在整个间隙中均匀连续地发展。低气压下气体放电发光区确实占据了整个间隙空间，如辉光放电。但在大气压下，气体击穿时出现的却是带有分支的明亮细通道。

（2）放电时间。根据汤逊理论，间隙完成击穿，需要好几次循环；形成电子崩，正离子到达阴极产生二次电子，又形成更多的电子崩。完成击穿需要一定的时间，但实测到的在大气压下气体的放电时间要短得多。

（3）击穿电压。当 Pd 值较小时，根据汤逊自持放电条件计算的击穿电压与实测值比较一致；但当 Pd 值很大时，击穿电压计算值与实测值有很大出入。

（4）阴极材料的影响。根据汤逊理论，阴极材料的性质在击穿过程中应起一定作用。实验表明，低气压下阴极材料对击穿电压有一定影响，但大气压下空气中实测到的击穿电压却与阴极材料无关。

由此可见，汤逊理论只适用于一定的 Pd 范围，当 $Pd > 26.66\text{kPa} \cdot \text{cm}$ 后，击穿过程就将发生改变，不能用汤逊理论来解释了，而流注理论则能够弥补汤逊理论的不足，较好地解释长气隙的大气放电现象。

流注理论认为电子的碰撞游离和空间光游离是形成自持放电的主要因素，并且强调了空点电荷畸变电场的作用。在较均匀电场中，当外界电场足够强时，首先发生初始电子崩，电子崩不断发展，且由于电子的运动速度与正离子的运动速度的差异，形成了外形像一个头部为球状的圆锥体的形状，电子总是位于朝阳极方向的电子崩头部，而正离子则几乎滞留在原来产生它的位置上，并缓慢地向阴极移动，因此，电子崩的空间电荷的分布是极不均匀的，这空间电荷将使外电场发生明显畸变，大大加强了崩头及崩尾电场，极易形成新的二次电子崩，二次电子崩不断地渗入初崩中，使正、负离子的混合质不断伸长。这种正、负离子的混合质通道就称为流注。流注发展速度比电子运动速度快，故在时间和空间上大大加快了击穿过程。

汤逊理论和流注理论各自适用于一定条件下的放电过程，不能用一种理论来取代另一种理论，它们之间相互补充，用以说明 Pd 较大范围内的气体放电现象。

1.2.7.5 不均匀电场中气体的击穿

稍不均匀电场中放电达到自持条件时发生击穿现象，此时气隙中平均电场强度比均匀电场气隙的要小，因此在同样极间距离时稍不均匀场气隙的击穿电压比均匀气隙的要低。在极不均匀场气隙中自持放电条件即是电晕起始条件，由发生电晕至击穿的过程还必须增高电压才能完成。

极不均匀电场有如下特征：

（1）极不均匀电场的击穿电压比均匀电场低。

（2）极不均匀电场如果是不对称电极，则放电有极性效应。

（3）极不均匀电场具有特殊的放电形式——电晕放电。

1.2.7.6 电晕放电

在极不均匀电场中，一定电压作用下，气隙完全被击穿以前，在曲率半径小的电极附近发生局部游离，发出大量光辐射的现象，在黑暗中可以看到该电极周围有薄薄的发光层，有些像"月晕"，还可听到咝咝的声音，嗅到臭氧的气味，回路中电流明显增加（但绝对值仍很小），可以测量到能量损失，称为电晕放电。电晕放电的电流强度取决于外加电压、电极形状、极间距离、气体性质和密度等。

在雨、雪、雾天气时，输电线路导线表面会出现许多水滴，它们在强电场和重力的作用下，将克服本身的表面张力而被拉成锥形，从而使导线表面的电场发生变化，结果在较低的电压和电场强度下就会出现电晕放电。

电晕放电是有危害的。电晕放电引起的光、声、热等效应使空气发生化学反应，都会消耗一定的能量。电晕损耗是超高压输电线路设计时必须考虑的因素，坏天气时电晕损耗要比好天气时大得多。电晕放电中，由于电子崩和流注不断消失和重新出现所造成的放电脉冲会产生高频电磁波，从而对无线电和电视广播产生干扰。电晕放电还会产生可闻噪声，并有可能超出环境保护所容许的标准。

可以想办法降低电晕放电。在选择导线的结构和尺寸时，应使好天气时电晕损耗接近于零，对无线电和电视广播的干扰应限制到容许水平以下。对于超高压和特高压线路的分裂线来说，找到最佳的分裂距，使导线表面最大电场强度值最小。

但是电晕放电也有有利之处。例如，在输电线上传播的雷电电压波因电晕放电而衰减其幅值和降低其波前陡度；操作过电压的幅值也会受到电晕的抑制。

1.2.7.7 极性效应

正极性"棒—板"间隙中自持放电前空间电荷对原电场的畸变情况。棒电极附近电场强度高，电离产生的电子在棒电极附近首先形成电子崩。因为棒极为正极性，所以电子崩崩头的电子迅速进入棒极，而正离子则向极板运动，但速度很慢，棒极附近积聚起正空间电荷，如图 1.3 所示。这些正空间电荷削弱了棒极附近的电场强度而加强了正离子群外部空间的电场，有利于流注的发展，因此击穿电压较低。

负极性"棒—板"间隙（图 1.4），棒极附近形成了电子崩，由于棒极为负极性，所以电子崩中的电子迅速扩散并向板极运动，离开强电场区后，就不再能引起电离了，向阳极运动的速度也越来越慢，一部分消失于阳极，另一部分被氧原子所吸附而成为负离子。电子崩中的正离子逐渐向棒极运动，但由于其运动速度较慢，所以在棒极附近总是存在正空间电荷，这些正空间电荷加强了棒极附近的场强，因此，这种情况下正空间电荷使棒极附近容易形成流注，因而电晕起始电压比正极性时要低，正空间电荷产生的附加电场与原电场相反，削弱了外部空间的电场，阻碍了流注的发展，因此击穿电压较高。

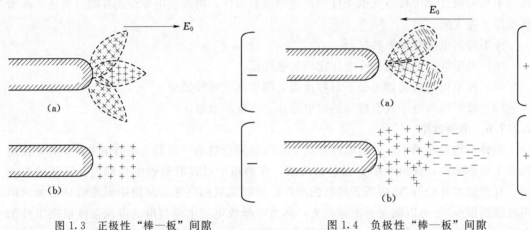

图 1.3　正极性"棒—板"间隙　　　　图 1.4　负极性"棒—板"间隙

1.2.7.8 沿面放电

电场中固体（或液体）与气体（或液体）等不同介质分界面上所出现的放电现象，通常出现较多的是气体或液体电介质中沿固体介质表面的放电。沿面放电发展成贯穿性放电即称为沿面闪络。

气体介质与固体介质的交界称为界面，界面电场分布有以下三种典型情况：

（1）固体介质处于均匀电场中，且界面与电力线平行。

（2）固体介质处于极不均匀电场中，且电力线垂直于界面的分量比平行于界面的分量大得多，类似套管。

（3）固体介质处于极不均匀电场中，且电力线平行于界面的分量比垂直于界面的分量大得多，类似支持绝缘子。

均匀电场沿面放电主要是因为电场发生了畸变，所以沿面闪络电压比纯空气间隙击穿电压低得多。而介质表面存在的小气隙引起了局部放电，畸变原有的电场；介质表面存在的薄水膜的分解引起电场畸变。介质表面不光滑，所以表面存在微小的气隙；微小气隙导致沿面场强分布不均匀，即使是微小的不均匀也会导致局部放电，从而造成畸变电场，并最终导致沿面放电。同时，由于介质表面会吸收空气中的水分，在介质表面形成水膜，高电压下水膜水解电离，形成离子移动并造成畸变电场，最终也形成沿面放电。

极不均匀电场的沿面放电则更好解释，总是由于介质表面形状不规则，特别是电极的位置和形状不规则，在电场最强处先发生电晕、火花放电、滑闪放电最终导致闪络的。

1.2.7.9 冲击电压发生器

1. 双边充电的冲击电压发生器

为提高冲击发生器输出电压，可采用双边充电的冲击电压发生器，其原理图如图1.5所示。

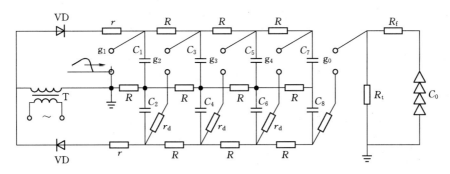

图 1.5 双边充电的冲击电压发生器原理图

双边充电回路不增加级数，不必提高电容额定电压，即在相同充电电压下，输出电压可增加 1 倍。

2. 冲击电压发生器的技术特征指标

（1）发生器的标称电压。主电容额定电压与级数乘积，非最大输出电压。

（2）发生器的标称能量。额定电压下的总存储能量。

（3）发生器的效率。输出电压与各级充电电压总和之比。

3. 对冲击电压发生器的要求

（1）电性能要绝缘可靠（不发生闪络或击穿事故）。

（2）在保证绝缘和稳定的前提下，结构高度、底面积尽可能小。

（3）回路尽可能短，电感尽可能小。

（4）应可更换元件来增减冲击电容、输出电压调节波形。

（5）对于阻尼电阻、波头电阻、波尾电阻，由于电阻与波形有关，要求电感小、热容量大、稳定性高，常采用无感电阻。

4. 冲击高压的测量

无论是雷电冲击电压或操作冲击电压，均为快速变化或较快速变化的一种电压。测量冲击电压的整个测量系统，包括其中的电压转换装置和指示、记录及测量仪器必须具有良好的瞬态响应特性。冲击电压的测量包括峰值测量和波形记录两个方面。也可把测量系统分为认可的测量系统和标准测量系统两类。一般在实验室采用的是认可的测量系统。

（1）球隙测量冲击电压峰值。冲击电压作用下，球隙距离与击穿电压的关系是对应的，是测量冲击电压的标准测量装置；但因其使用的不方便性，一般也不宜用来测量实时电压，更多的是用来对其他测量系统进行比对。

（2）电阻分压器与示波器的测量。通过电阻分压器将脉冲高压转换为脉冲低压，将数百万伏的电压转换为示波器可以测量的数百伏电压，数字式示波器还可获得峰值和时间参数值。

分压电阻可采用温度系数小且电阻系数高的材料（如康铜丝、卡玛丝）绕成，温度稳定性好，长期稳定性好，所以，较多的标准测量系统是由电阻分压器组成的。但考虑到阻值太大会在冲击电压下形成负载效应，作为标准分压器，阻值一般不大于 $10\text{k}\Omega$。电阻分压器在 1000kV 以下测量领域用得比较广泛。

（3）电容分压器与示波器的测量。分压器的高压臂是由多个绝缘壳的油纸绝缘的脉冲高压电容器叠装组成，又称分布式电容分压器，测量时有幅值误差而无波形误差，对测量波前和半峰值时间较长的波，电容分压器比电阻分压器较为有利。

有的电容分压器高压臂仅一个集中电容，所以又称为集中式电容分压器，常采用充压缩气体的标准电容器，这种电容器的电容介损小，电容值准而且稳定。

（4）阻容分压器。阻容分压器有阻容串联分压器和阻容并联分压器。阻容串联分压器也称阻尼电容分压器，它可克服电容回路的剩余电感，阻止了分压器的振荡，性能优良。阻容并联分压器不足在于电阻值的选取，电阻值太小会影响发生器的输出负荷，选得太大其作用变小，甚至与无电阻的纯电容分压器差不多。

一般而言，当冲击电压的峰值超过 50kV 时，则多采用分压器与示波器组成的测量系统，通过分压器将脉冲高压转换为脉冲低压，只要分压器分压比相对稳定，在示波器上可立即获得冲击电压准确的时间参数和峰值。

项 目 小 结

本项目通过完成任务，认识液体介质、气体介质的电气强度和绝缘性能，并认识测试介质电气强度的设备及其基本原理，掌握其使用的方法。

项目 2　避 雷 器 试 验

【学习目标】

(1) 了解避雷器的绝缘结构及原理。

(2) 掌握避雷器测试仪使用方法及对测试结果的判断。

【项目导航】

(1) 避雷器绝缘电阻的测量。

(2) 避雷器电导电流和直流 1mA 下的电压 U_{1mA} 及 75％ 该电压下的泄漏电流的测量。

(3) 编写试验报告,分析结果。

任务 2.1　测量避雷器绝缘电阻

【任务导航】

　　本任务的目的是测量避雷器的绝缘电阻,便于初步检查避雷器内部是否受潮;有并联电阻者可检查其通、断、接触和老化等情况。本任务适用于 10kV 及以上避雷器交接、大修后试验和预试。测量前,准备好试验所需仪器仪表、工器具,相关材料、图纸及技术资料。仪器仪表、工器具应试验合格,满足本次试验的要求,材料应齐全,图纸及资料应符合现场实际情况。了解被试设备出厂和历史试验数据,分析对比设备情况,要求所有工作人员都明确本次工作的作业内容、进度要求、作业标准及安全注意事项。根据本次作业内容和性质确定好试验人员,并组织学习试验指导书。根据现场工作时间和工作内容填写工作票。本任务所需的主要设备器材为 110kV 氧化锌避雷器一组、5000V 兆欧表一只和测试线夹若干。

2.1.1　准备相关技术资料

1. 主要内容

避雷器是常用的电气设备,是一种过电压保护设备,为保证电力系统正常运行起到很重要的作用。避雷器的结构从简单的间隙型发展到了无间隙氧化锌的结构,过电压保护性能也有了很大的提高;同时,为了保证避雷器的正常运行,必须按照要求对避雷器进行必要的试验,通过测量有关参数以判断避雷器的各项性能是否正常。

2. 《电力设备预防性试验规程》有关条目

根据高压试验有关规程对避雷器绝缘电阻测量结果进行判断:FS(PBⅡ、LX)型交接时大于 2500MΩ,运行中大于 2000MΩ;FZ(PBC、LD)、FCZ 和 FCD 型等有分流电阻的避雷器,主要应与前一次或同一型式的测量数据进行比较;氧化锌避雷器 35kV 以上不小于 2500MΩ,35kV 及以下不小于 1000MΩ。底座绝缘电阻不小于 100MΩ。

3. 出厂、历史数据

了解被测试设备出厂和历史试验数据，以便分析对比设备情况。

4. 任务单

（1）规范性引用文件。

（2）作业准备。

（3）作业流程。

（4）安全风险及预控措施。

（5）试验项目、方法及标准。

2.1.2　成立工作班组

任务工作班组由 5 人组成。

1. 工作负责人（1 人）

由熟悉设备、熟悉现场的人员担任。负责本次试验工作，并主持班前班后会议，负责本组人员分工，提出合理化建议并对全体试验人员详细交代工作内容、安全注意事项和带电部位。核对作业人员的接线是否正确，并对测量过程的异常现象进行判断。出现安全事故时及时向指导教师汇报，并参与事故分析，及时总结经验教训，防止事故重复发生。

2. 现场安全员（1 人）

由有经验的人员担任。主要负责设备、试验仪器、仪表和本组人员的安全监督。

3. 数据记录人员（1 人）

由经过专业培训的高压试验人员担任。负责对本次试验数据的记录和填写试验报告。

4. 作业人员（2 人）

由经过专业培训的高压试验人员担任。负责本次任务的接线和操作。

2.1.3　准备设备器具

避雷器绝缘电阻的测量应配置的设备器具可从以下三个方面准备：

（1）安全防护用具。如安全帽、安全带、标志牌等。

（2）常用工具。如螺丝刀、扳手等。

（3）主要设备：绝缘电阻表。

2.1.4　安全工作要求

1. 高处作业

（1）安全风险：在拆除一次引线时，作业人员站在梯子或设备构架上工作时，易不慎坠落造成轻伤。

（2）预控措施：

1）高处作业人员正确佩戴安全帽。

2）梯子上工作时须有人扶持。

3）工作人员穿防滑劳保鞋。

4）使用刀闸防护架挂扣安全带。

2. 高处坠物

（1）安全风险：工作人员拆除一次引线时工器具脱落，砸伤下方工作人员。

（2）预控措施：

1）按规定地面工作人员不得在作业点正下方停留。

2）作业人员将携带工具放在工具包中，工器具不得上下抛掷，传递时用吊物绳绑牢固。

3）所有现场工作人员正确佩戴安全帽。

3. 触电

（1）安全风险：绝缘电阻测试时，工作人员触碰到测试线夹等带电部位触电，导致人员受轻伤。

（2）预控措施：

1）相互协调。

2）其他班组人员离开试验区域，并装设试验围栏，向外悬挂"止步，高压危险"标示牌。

3）两人进行，其中一人测量，另一人对避雷器放电。

4. 仪器损坏

（1）安全风险：接电试验时，将测试仪器损坏。

（2）预控措施：

1）测试时，两人进行，相互监督。

2）轻拿、轻放测试仪表。

3）测量结束后，牢记对试品放电，避免试品的残余电荷回流造成仪表的损坏。

2.1.5 执行任务

2.1.5.1 作业准备

（1）负责人组织查阅历史试验报告；熟悉氧化锌避雷器试验的各种方法。

（2）按照要求做好相关工器具及材料准备工作。

1）工器具、仪器须有能证明合格有效的标签或试验报告。

2）工器具、仪器、材料应进行检查，确认其状态良好。

（3）由工作负责人通过工作许可人办理工作票许可手续。办理变电站工作票，需提前一天提交至变电站，核对现场安全措施。

（4）工作负责人与工作许可人一起核实确认安全措施完全可靠，满足工作要求；并注明双方需交代清楚的事项。认真履行工作许可手续，严格执行有关规章制度。

（5）召开班前会，检查员工的穿着及精神状态；宣读工作票，并交代安全措施及危险点；进行工作分工。

1）安全帽、工作服、工作鞋参数规格应满足任务需要，如有时效要求，则应在有效期范围内。

2）安全措施、危险点交代内容必须完整，并确认其已被所有作业人员充分理解。

3）分工明确到位，职责清晰。

2.1.5.2 作业实施

（1）必须将底座的避雷器计数器短接接地。

（2）对被试避雷器停电，做好安全措施并充分放电。

（3）将连接避雷器上端的导线拆除。

（4）测量前应抄取避雷器铭牌上的所有信息和编号，测量时应记录被试设备的温度、湿度、气象情况、试验日期及使用仪表等。

（5）用干燥清洁柔软的布擦去被试品外绝缘表面的脏污，必要时用适当的清洁剂洗净。

（6）根据现场情况进行试验接线。

1）避雷器为一节时的试验方法：应拆除一次连接线，接线参照图2.1（b）。

2）避雷器为两节时的试验方法：当拆除一次连接线时，可以分别对上、下两节避雷器进行试验，接线如图2.1（a）、（b）所示。当不拆除一次连接线时（避雷器顶部接地），试验接线如图2.1（c）、（d）所示。避雷器为3节及以上时，在试验时一般不用拆开一次引线，试验时把避雷器顶部接地，试验接线可参照图2.1执行。

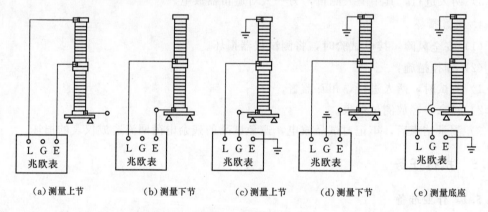

| （a）测量上节 | （b）测量下节 | （c）测量上节 | （d）测量下节 | （e）测量底座 |

图2.1 避雷器绝缘电阻测量接线图

（7）开始测试，待数据稳定后读取绝缘电阻值。用2500V以上兆欧表进行测量，读取1min时的绝缘电阻值，并做好记录。

（8）对避雷器的两极充分放电，拆兆欧表"L端"对"E端"放电，放电时应注意安全。

（9）对避雷器的绝缘电阻值进行分析判断，得出试验结论。

（10）拆除试验接线。试验结束后，将避雷器恢复到试验前状态。

2.1.5.3 测量注意事项

（1）对被试避雷器停电，做好安全措施并充分放电。

（2）必须将底座的避雷器计数器短接接地。

（3）将连接避雷器上端的导线拆除。

（4）在整个试验过程中，要密切监视被试品、试验回路及有关表计。若有击穿、闪络、气体放电等现象发生，尤其是在加到高压为30kV和40kV时，此时应先将调压器归零，进行降压，然后再切断电源、放电。查明原因，待妥善处理后，方可继续进行试验。

（5）每次试验完毕后，都要进行充分放电，才能进行下一次的试验，放电时必须确定要先切断电源。

（6）每次加高压前必须检查调压器是否在零位，防止在未退至零位时就投入高压电源而产生冲击，损伤试验设备的绝缘和得到不正确的试验结果。每次切除高压时必须将调压器退至零位，这样可以防止下次通电时突然加上高压。

（7）试品温度一般应在 10～40℃。

（8）绝缘电阻随着温度升高而降低，但目前还没有一个通用的固定换算公式。温度换算系数最好由实测决定。例如正常状态下，当设备自运行中停下，在自行冷却过程中，可在不同温度下测量绝缘电阻值，从而求出其温度换算系数。

（9）当天气潮湿时，瓷套表面对泄漏电流的影响较大，应用干净的布把瓷套表面擦净。并用金属丝在下端瓷套的第一裙下部绕一圈再接到摇表的屏蔽接线柱，以消除其影响（其测量值应大于 $2500M\Omega$）。

（10）电压等级在 35kV 及以下用 2500V 兆欧表，35kV 以上用 5000V 兆欧表。

（11）由于氧化锌阀片在小电流区域具有很高的阻值，故绝缘电阻主要取决于阀片内部绝缘部件和瓷套。进口避雷器一般按厂家的标准进行绝缘电阻试验。

2.1.6　结束任务

（1）清理工作现场，拆除安全围栏，将工器具全部收拢并清点。

（2）检查被试验设备上无遗留工器具和试验有导地线。

（3）做好试验记录，记录本次试验内容，反措或技改情况，有无遗留问题以及判断试验结果。

（4）会同验收人员对现场安全措施及试验设备的状态进行检查，并恢复至工作许可时状态。

（5）经全部验收合格，做好试验记录后，办理工作终结手续。

2.1.6.1　小组总结会

小组召全体工作人员参加的班后会，总结回顾本次工作情况。由工作负责人交代本次工作完成情况、注意事项，存在问题及处理意见，最后填写设备维护记录。

2.1.6.2　编制任务报告表

任务报告由数据记录人员负责填写，参加实验的实验人员在报告上分别签名。本次试验报告见表 2.1。

2.1.7　知识链接

2.1.7.1　避雷器概述

避雷器是一种能释放雷电或兼能释放电力系统操作过电压能量，保护电工设备免受瞬时过电压危害，又能截断续流，不致引起系统接地短路的电器装置（图 2.2）。

表 2.1   **避雷器绝缘电阻试验报告表**

_____避雷器绝缘电阻试验报告

试验日期：___年___月___日   湿度：_____   温度：_____

型号：_____   额定电压：_____ kV   持续运行电压：_____ kV

制造厂：_____   出厂日期：___年___月___日

序号（编号）：A 相   B 相   C 相

试验位置	一次对地绝缘电阻 /MΩ	底座对地绝缘 /MΩ
A		
B		
C		

结论：根据 GB 50150—2006，试验结果：_____

试验员：_____试验负责人：_____

_____年_____月_____日

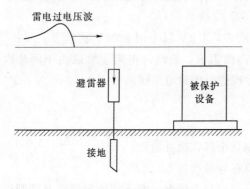

图 2.2 避雷器的连接

避雷器通常接于带电导线和地之间，与被保护设备并联。当过电压值达到规定的动作电压时，避雷器立即动作，流过电荷，限制过电压幅值，保护设备绝缘；当电压值正常后，避雷器又迅速恢复原状，以保证系统正常供电。

最原始的避雷器是羊角形间隙，出现于 19 世纪末期，用于架空输电线路，防止雷击损坏设备绝缘而造成停电，故称"避雷器"。20 世纪 20 年代，出现了铝避雷器、氧化膜避雷器和丸式避雷器；30 年代出现了排气式（管型）避雷器；50 年代出现了碳化硅避雷器；70 年代又出现了金属氧化物避雷器。现代高压避雷器，不仅用于限制电力系统中因雷电引起的过电压，也用于限制因系统操作产生的过电压。

避雷器分排气式和阀式两大类。阀式避雷器分为碳化硅阀式避雷器和金属氧化物避雷器（又称氧化锌避雷器）。其中保护间隙和排气式避雷器、磁吹阀式避雷器等均慢慢被淘汰，碳化硅阀式避雷器稍有使用。相对来说，金属氧化物避雷器目前得到越来越广泛的应用。

避雷器的作用是防止雷电产生的过电压波沿线路侵入变配电所或其他建筑物内，以免危及被保护设备的绝缘。避雷器应与被保护设备并联，装在被保护设备的电源一侧。当线路出现危及设备绝缘的雷电过电压时，避雷器的火花间隙就被击穿，使过电压对地放电，从而保护设备。

2.1.7.2 避雷器的试验

（1）阀式避雷器的试验项目主要有两种情况：

1）不带并联电阻的阀式避雷器主要试验项目有：绝缘电阻试验（用 2500V 兆欧表）、工频放电电压试验。

2）带并联电阻的阀式避雷器（包括 FZ、FCZ 和 FCD 型磁吹避雷器）试验主要试验项目有：绝缘电阻试验、工频放电电压试验和电导电流试验，其中电导电流试验可停电试验，也可带电进行测量。

（2）氧化锌避雷器的试验项目主要有：

1）测量金属氧化物避雷器及基座绝缘电阻。

2）氧化锌避雷器电导电流和直流 1mA 下的电压 U_{1mA} 的测量。

3）测量金属氧化物避雷器直流参考电压和 0.75 倍直流参考电压下的泄漏电流。

2.1.7.3 避雷器的主要种类

1. 保护间隙

（1）结构和工作原理。常用的角形保护间隙如图 2.3 所示。由主间隙和辅助间隙串联而成。主间隙的两个电极做成角形，在正常运行时，间隙对地是绝缘的，当承受雷电过电压作用时，间隙击穿，工作线路被接地，从而使得与间隙并联的电气设备得到保护。辅助间隙的设置是为了防止主间隙被外物（如小鸟）短路，以避免整个保护间隙误动作。主间隙做成羊角形，主要是为了便于让工频续流电弧在其自身电磁力和热气流作用下被向上拉长而易于熄灭。

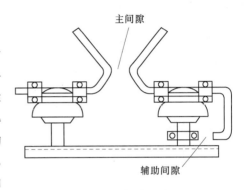

图 2.3 保护间隙

（2）保护间隙优点。其结构简单，造价低廉，维护方便。

（3）保护间隙缺点。容易造成接地或短路故障，引起线路开关跳闸或熔断器熔断，造成停电事故。所以对于装有保护间隙的线路，一般要求装设自动重合闸装置或自重合熔断器与其配合，以提高供电可靠性。同时，保护间隙的灭弧能力差，难以有效地切断工频续流。

（4）保护间隙使用范围。在 10kV 以下电网中使用。

2. 排气式避雷器

（1）结构和工作原理。排气式避雷器的原理结构如图 2.4 所示。它由两个间隙串联组成，当雷电压过电压作用于避雷器两端时，内、外两个间隙均被击穿，使雷电流经间隙入地，在雷电过电压消失后，系统正常运行电压将在间隙中继续维持工频续流电弧，电弧的高温使产气管内的有机材料分解并产生大量气体，使管内气压升高，气体在高气压作用下由环形电极的孔口急速喷出，从纵向强烈地吹动电弧通道，使工频续流在第一次过零时熄灭。

排气式避雷器的灭弧能力与工频续流的大小有关。续流太大，产气过多，会使管子爆炸；续流过小，产气不足，则不能灭弧。

为了保证排气式避雷器可靠地工作，在选择排气式避雷器时，开断续流的上限值应不小于安装处短路电流最大有效值（考虑非周期分量）；开断续流的下限值不应大于安装处短路电流的可能最小值（不考虑非周期分量），排气式避雷器外部间隙的最小值为 6kV，8mm；8kV，10mm；10kV，15mm。

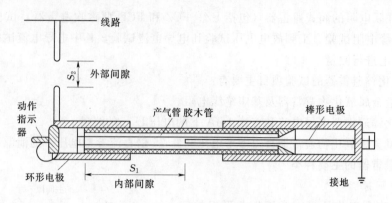

图 2.4　排气式避雷器

（2）排气式避雷器的主要缺点。伏秒特性太陡，而且分散性较大，难于和被保护电气设备实现合理的绝缘配合；放电间隙动作后工作导线直接接地，形成幅值很高的冲击载波，危及变电器的绝缘；运行维护也较麻烦。

排气式避雷器一般只用于线路上，在变配电所内一般都采用阀式避雷器。

（3）排气式避雷器的型号。排气式避雷器全型号的表示和含义如下：

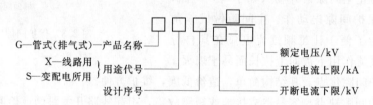

3. 阀式避雷器

常用的阀式避雷器有以碳化硅和氧化锌为主要原料的两类，其中碳化硅阀式避雷器用得较早，而氧化锌阀式避雷器为后起之秀，并有取代碳化硅阀式避雷器的倾向。由于历史原因，仍有一些厂家生产碳化硅避雷器。另外由于它的电容量较小，故在某些通信系统中，为了减少插入损耗，也继续采用碳化硅避雷器。

1968 年，日本松下电气公司制成金属氧化物浪涌吸收器。

1972 年，日本制成无间隙氧化锌避雷器。由于它比碳化硅避雷器有更理想的伏安特性，因此，氧化锌避雷器首先在中压电力网使用，以后逐步用到高电压和低电压保护电网上。目前 500kV 的氧化锌避雷器已得到普遍应用。在我国 220V/380V 低压电力系统和更低电压的氧化锌压敏电阻器件是 20 世纪 80 年代后期才大批生产和应用的。因此，氧化锌避雷器是目前最新型，技术上被认为最先进的阀式避雷器。

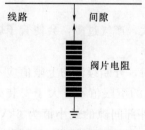

图 2.5　普通阀式避雷器

阀式避雷器是电力系统中较为常用的一种防雷装置，它的基本元件为非线性阀片电阻和间隙，如图 2.5 所示。当工作线路上没有雷电过电压作用时，间隙具有足够的绝缘强度，不会被系统正常运行电压击穿，它将阀片电阻与工作线路隔开，阀片电阻上没有电流流过。当工作线路上出现过电压且过电压值超过间隙的放电击穿电压时，间隙将首先击穿，冲击电流经阀片电阻入地。阀片电阻具有非线性，其电阻值在大电流下变得很小，在传导冲击电流入地过程中阀片电阻上的电压，即残压是不大的；这样就可以低于被保护设备的耐受限度，使设备得到可靠保护。

在雷电过电压消失以后，由工作线路上正常运行电压所产生的工频续流继续流过避雷器支路，因为此时的工频续流相对于雷电过电压作用时产生的冲击电流来说已变得很小，非线性阀片电阻在工频续流流过时将变大，于是工频续流能够被减小，可以在第一次过零时即被切断，系统将恢复正常运行。在一般情况下，工频续流能被限制到足够小的数值，间隙在半个工频周期内就能灭弧，因此可在继电保护装置尚来不及动作时就恢复系统的正常运行。阀式避雷器分普通阀式避雷器、磁吹避雷器和氧化锌避雷器三种类型。

（1）普通阀式避雷器。

1）阀片。普通阀式避雷器的阀片电阻是由多个阀片串联而成的，阀片是用碳化硅细粒加结合剂（水玻璃）在 $300\sim350℃$ 的低温下烧制成的圆盘形状电阻片，阀片的伏安特性呈现出非线性特征（图 2.6），可用下式表示

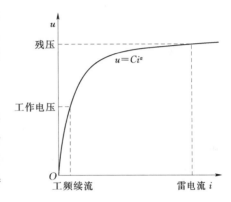

图 2.6 阀片的伏安特性曲线

$$u = Ci^{\alpha}$$

式中　　C——材料常数，与阀片材料和尺寸有关；

α——非线性指数，$\alpha < 1$。对于低温烧制的阀片，$\alpha \approx 0.2$，α 越小，表示阀片伏安特性的非线性程度越高。

2）间隙。普通阀式避雷器中采用的间隙是由多个按统一规格制作的单间隙串联而成的，其中每个单间隙的电极用黄铜冲成小圆盘形状，间隙中间采用云母垫片隔开，如图 2.7 所示，间隙的距离为 $0.5\sim1mm$，在间隙中的电场接近于均匀场。

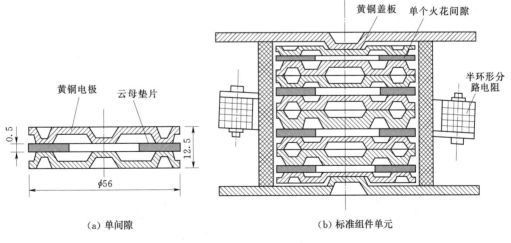

图 2.7 间隙

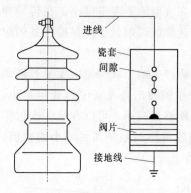

图 2.8 阀式避雷器外形及结构图

在过电压作用下，云母垫片与电极之间的空气缝隙会发生电晕放电，为间隙中的放电提供光辐射与游离条件，从而能缩短间隙的放电击穿时间，减小间隙放电的分散性，使其伏安特性比较平缓，冲击系数（50％冲击放电电压与稳态放电电压之比）可降到 1.1 左右，有利于与电气设备伏秒特性的配合。将 4 个单间隙串联成标准组体单元，如图 2.8 所示，然后再将若干个标准组件单元串联在一起，就构成普通阀式避雷器所用的间隙整体。

（2）磁吹避雷器。

为了进一步增强灭弧能力和提高通流容量，又发展了磁吹避雷器。磁吹避雷器的工作原理和结构与普通阀式避雷器基本相同，其主要区别之处在于采用通流容量较大的高温阀片电阻和灭弧能力较强的磁吹间隙。如图 2.9 所示。

为改善保护性能，除了用于低压配电系统的阀式避雷器外，一般都在标准组件单元上并联上一个均压电阻，亦称分路电阻，相应的原理电路如图 2.10 所示。

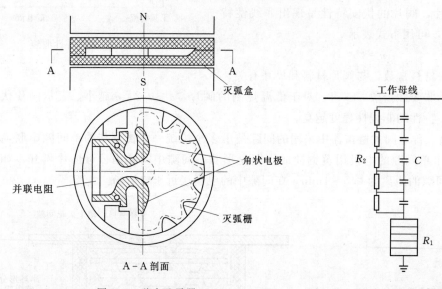

图 2.9 磁吹避雷器

图 2.10 间隙上并联分路电阻原理

阀式避雷器全型号的表示和含义如下：

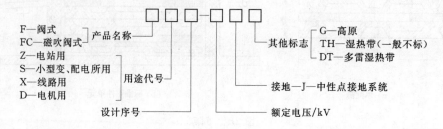

4. 氧化锌避雷器

氧化锌避雷器是一种与传统避雷器概念有很大不同的新型避雷器，从 20 世纪 80 年代中期开始，它已在电力系统推广应用并已批量生产。氧化锌避雷器是具有良好保护性能的避雷器。利用氧化锌良好的非线性伏安特性，使在正常工作电压时流过避雷器的电流极小（微安或毫安级）；当过电压作用时，电阻急剧下降，泄放过电压的能量，达到保护的效果。这种避雷器和传统的避雷器的差异是它没有放电间隙，利用氧化锌的非线性特性起到泄流和开断的作用。金属氧化物避雷器具有体积小、重量轻、防爆和密封性好、爬距大、耐污秽、制造工艺简单、结构紧凑等一系列优点。

金属氧化物避雷器（MOA）与其他传统避雷器的区别在于：其他类型避雷器，从羊角间隙到磁吹式避雷器，其内部空气间隙起着十分重要的作用，在正常运行时靠间隙将阀片与电源隔开，出现过电压间隙才被击穿，阀片放电泄流。而氧化锌避雷器是用氧化锌阀片叠装而成的，可完全取消间隙，这就解决了因间隙放电时限及放电稳定性所引起的各种问题。由于氧化锌阀片具有非线性特性好的特点，从而使避雷器的特性和结构发生了重大改变。

在额定电压下，流过氧化锌避雷器阀片的电流仅为 $5 \sim 10A$，相当于绝缘体。因此，它可以不用火花间隙来隔离工作电压与阀片。当作用在氧化锌避雷器上的电压超过定值（启动电压）时，阀片"导通"将大电流通过阀片泄入地中，此时其残压不会超过被保护设备的耐压，达到了保护目的。此后，当作用电压降到动作电压以下时，阀片自动终止"导通"状态，恢复绝缘状态，因此，整个过程不存在电弧燃烧与熄灭的问题。

氧化锌避雷器的基本结构采用的核心部件是氧化锌压敏电阻阀片，它以氧化锌为主体，适当添加 BiO_2、CoO_3、Cr_2O_2、$MnCO_3$、SbO_3、SiO_2、MgO 等金属氧化物成分，经专门加工成细粒并混合搅拌均匀，再经烘干、压制成工作圆盘，在 $1000℃$ 以上的高温中烧制而成。典型氧化锌压敏电阻的显微结构包括氧化锌主体、晶界层、尖晶石晶粒以及一些孔隙等部分，如图 2.11 所示。

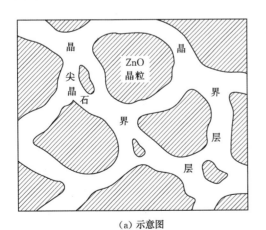

（a）示意图

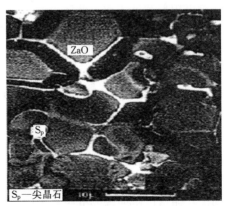

（b）显微照片

图 2.11 氧化锌压敏电阻

氧化锌压敏电阻优异的非线性压敏特性主要由晶界层决定，当晶界层上的场强低时，只有少量电子靠热激发才能通过晶界层的势垒，所以此时的氧化锌压敏电阻呈现出高阻状态。当晶界层上的场强增大到一定数值时，出现隧道效应，大量电子可以通过晶界层，电阻将骤然降低，氧化锌压敏电阻呈现出低阻导通状态。一个氧化锌压敏电阻可以看作由许多个微型 PN 结串联而成，因此增加压敏电阻的轴向长度等价于增加 PN 结的串联个数，可以提高击穿电压，增大压敏电阻本体的半径就等价于增加 PN 结的并联数目，从而可以提高通流容量。

（1）伏安特性。氧化锌压敏电阻在实际应用中最为重要的性能指标是其电压与电流之间的非线性关系，即伏安特性，典型氧化锌压敏电阻阀片的伏安特性如图 2.12 所示，该特性可大致划分为三个工作区：小电流区、限压工作区和过载区。

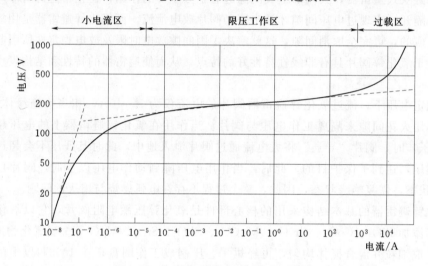

图 2.12　氧化锌压敏电阻阀片伏安特性

在小电流区，阀片中电流很小，呈现出高阻状态，在系统正常运行时，氧化锌避雷器中的压敏电阻阀片就工作于此区。

在限压工作区，阀片中流过的电流较大，特性曲线平坦，氧化锌压敏电阻阀片与碳化硅阀片的伏安特性相比较，压敏电阻发挥对过电压的限压作用在此区内的非线性指数为 0.015～0.05。

在过载区，阀片中流过的电流很大，特性曲线迅速上翘，电阻显著增大，限压功能恶化，阀片出现电流过载。

（2）氧化锌避雷器的工作原理。氧化锌避雷器主要由氧化锌压敏电阻构成，每一块压敏电阻从制成时起就有它的一定的开关电压（称压敏电压），当加在压敏电阻两端的电压低于该数值时，压敏电阻呈现高阻值状态；如果把它并联在电路上，该阀片呈现断路状态；当加在压敏电阻两端的电压高于压敏电压值时，压敏电阻即被击穿，呈现低阻值，甚至接近短路状态。然而，压敏电阻这种被击穿状态是可以恢复的。即当高于压敏电压的电压被撤销以后，它又恢复高阻状态。

当电力线路被雷击时，雷电波的高电压使压敏电阻击穿，雷电流通过压敏电阻流入大地，使电力线上的雷电压被钳制在安全范围内。当雷电波过后，压敏电阻恢复高阻状态，电力线路恢复正常输电。

氧化锌避雷器也可用于其他低电压的通信电线上。把氧化锌避雷器接在三相交流电源的两条相线之间，当雷电波在两条相线通过时，只要两条相线间的电位差大于它的压敏电压，避雷器即导通，使两相线间的电压钳制在压敏电压值附近，保证两相线间不发生过高的电压浪涌。

把避雷器接在两相线（传输线）之间称为横向避雷；接在相线与地（传输线与地）之间称为纵向避雷。

（3）氧化锌避雷器的技术要求是多方面的，其主要电气技术参数有下面几种：

1）压敏电压（即开关电压 U_{1mA}）。当温度为 20℃ 时，一般认为在压敏电阻器上有 1mA 直流流过的时候，相应加在该压敏电阻器两端的电压称为该压敏电阻器的压敏电压。压敏电压可用压敏电阻测试仪测量。当压敏电阻通过 1mA 以下电流时，工程上认为避雷器未开通。

在非雷击情况下，接在电网上的避雷器应该只有几微安电流通过，避雷器处于不导通状态。所以，实际电网的峰值电压应比压敏电压要低，习惯上取电网峰值电压为压敏电压的 0.7 倍。由于压敏元件的标称电压数值允许有 ±10% 的误差，电网电压与标称系统电压也允许 ±10% 的误差，交流电峰值电压为有效值的 $\sqrt{2}$ 倍，因此，避雷器压敏元件的压敏电压应按如下公式计算

$$V_N \geq \frac{V_{MH}}{0.7} \times 1.2$$

式中　V_N——避雷器压敏电压值，V；

　　　V_{MH}——电网额定电压（有效值），V。

例如：220V 交流电源应选择避雷器的压敏电压标称值是

$$V_N \geq \frac{V_{MH} \times \sqrt{2}}{0.7} \times 1.2 = \frac{220 \times \sqrt{2}}{0.7} \times 1.2 = 534(V)$$

因为压敏元件没有这一电压等级，只好选择偏高一些，故选择 560V 或 600V 标称值的压敏器件。

选低了容易发生自爆，选高了会使残压升高，影响用电器安全，建议应对其产品实测鉴定。

用在各种不同电压的地方也可以按上面介绍的方法计算选择避雷阀片。直流电源不存在有效值与峰值的互换计算问题，所以选用在直流电源的压敏元件的压敏电压值可按下式计算

$$V_N \geq \frac{V_{MH}}{0.7} \times 1.2$$

2）残压。所谓残压，是指雷电波通过避雷器时避雷器两端最高瞬时电压。它与所通过的雷电波峰值电流和波形有关。避雷器犹如一个电压限幅器，它的输入端的雷电压峰值虽然有上万伏，甚至几万伏，但经过避雷器就被大大地削减，削减后的峰值电压就是残压。同样一块氧化锌压敏电阻器，用不同波形的冲击电流和不同冲击电压峰值测到的残压

都不同。按照 GB 11032—2010《交流无间隙金属氧化物避雷器》的规定，对用于 220V 电压和 10kA 等级的阀片，必须采用 8/20μs 仿雷电波冲击，冲击电流的峰值为 1.5kA 时，残压不大于 1.3kV 为合格。因为残压是直接加在用电器两端的瞬间最高电压，与用电器的安全有直接关系。残压比的定义是

$$残压比＝残压/压敏电压$$

按照我国有关规范规定，10kA 通流容量的氧化锌避雷阀片，满通流容量时用 8/20μs 仿雷电波冲击，残压比应小于 3。按此计算，10kA/620V 的阀片在 8/20μs 仿雷电波冲击时，它的残压值应该是

$$残压（\leqslant 压敏电压）\times 3＝620\times 3＝1860（V）$$

实际上，各厂家产品的残压比相差较远，同一厂家生产的不同型号产品的残压比相差也很远。

引入残压比的概念，使所有电压等级的压敏电阻片，对残压有一个统一的衡量标准。

3）通流容量。避雷器的通流容量是指避雷器允许通过雷电波最大峰值电流量。如果低压避雷器是以防感应雷为目的，其通流容量一般为 3~5kA。

如考虑到阀片老化和偶然会遇到直击雷直接击中室外的金属导线，使闪电的高电压以脉冲波的形式沿导线侵入袭击时，可采用 10kA 的通流容量，这是合理的。尤其是用在野外的架空线路上还应选得更大些。

4）漏电流。将合适的避雷器接到电源上，在正常情况下，应该是没有电流通过的，但是，实际上除空气间隙外，各种避雷器接到规定等级的电网上总有微安数量级的电流通过，这电流称为漏电流。通过两种伏安特性比较可以看出，将避雷器接到电源上，在正常情况下，在系统正常运行相电压下，碳化硅阀片电流达 200~400A，而氧化锌阀片则为 10~50μA，可近似认为等于零，这也是氧化锌避雷器可以不用串联间隙而成为无间隙与无续流避雷器的原因。对于 220V 电网上 10kA 通流容量的氧化锌避雷器阀片，按国家规定，漏电流不得大于 30μA，且漏电流越小越好。如图 2.13 所示。

漏电流的害处在于流过高电阻值的氧化锌阀片时，会发出一定热量，当漏电流大到一定程度后，阀片发出的热量大于散热量，阀片温度就升高，使阀片漏电流进一步加大，这是导致阀片爆炸的直接原因。

目前一些 220V、10kA 的阀片漏电流实际上只有几微安，甚至有些做到零点几微安。但应特别注意，更重要的是漏电流必须稳定，不允许工作一段时间后漏电流自动升高。当阀片接入电网后，漏电流自动爬升者应予淘汰。宁愿要初始漏电流稍大一些的阀片，也不要漏电流自动爬升的阀片。因为漏电流自动爬升，有可能升到不允许的范围；相反，初始漏电流虽然稍大些，但它稳定，而且在安全范围以内，反而没有问题。

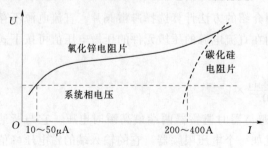

图 2.13 氧化锌压敏电阻阀片与碳化硅阀片
的伏安特性比较

5）响应时间。所谓响应时间，是指避雷器两端加上的电压等于压敏电压时，

由于阀片内的齐纳效应和雪崩效应，需要延迟一段时间后，阀片才能完全导通，这段延长的时间称为响应时间或时间响应。氧化锌避雷器时间响应不超过 50ns，比碳化硅避雷器和气隙避雷器都短。

图 2.14 给出了一个无引头压敏电阻器件在抑制暂态电涌过电压时的响应波形，其中波形 1 为无压敏电阻时的原始电涌过电压波形，波形 2 为被试压敏电阻器件的箝位电压波形，压敏电阻动作箝位的响应时间是很短的，仅为几纳秒。其在 $8/20\mu s$ 冲击电流下波形通流容量可以做到几十千安。

同一电压等级的避雷器，用相同形状的仿雷电波冲击，在冲击电流峰值相同的情况下，响应时间越短的避雷器，其残压越低，也就是说避雷效果越好，避雷器的品质越高。一般不直接测量避雷器的响应时间，而是根据用一定形状的仿雷电冲击波来冲击后所得到的残压推算出来的。

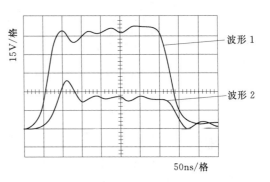

图 2.14　无引头压敏电阻器件的电压响应波形

6）续流。氧化锌避雷器是以微粒状的金属氧化锌晶体为基体，在其间充填氧化铋和其他掺杂物，这种非线性电阻有很好的伏安特性，在工频电压下呈现极大的电阻，因此工频续流很小，不需间隙熄灭由工频续流所产生的电弧。

总的来讲，氧化锌避雷器在过电压作用时电阻很小，残压很低，而在系统正常运行电压作用时电阻很高，实际上接近于开路，因此不必用类似于碳化硅避雷器那样采用间隙来隔离正常运行电压，可以将氧化锌压敏电阻直接接到电网上运行也不致被烧坏。

（4）氧化锌避雷器的优点：

1）开关电压范围宽。

2）反应速度快（纳秒级）。

3）通流容量大（$2kA/cm^2$）。

4）无续流。

5）寿命长。

（5）氧化锌避雷器存在的问题和处理。由于氧化锌阀片中有百分之几存在漏电流不稳定，以至接入电网一段时间后发生自动爆炸。所以有些厂家在氧化锌阀片与电网之间串联一个空气间隙，使氧化锌阀片在非雷击时有空气间隙与电网隔开，避免漏电流引起自爆。由于有氧化锌阀片串联，又避免单纯气隙放电管产生的续流现象，使避雷效果和电网正常运作得到改善。

但是，串联间隙避雷器的缺点是响应时间等于气隙响应时间与氧化锌阀片响应时间之和，即响应时间比气隙响应时间稍长了些。使用时要注意参数的选择。

理论推证在正常工作条件下，氧化锌避雷器的寿命应该有 30～50 年，由于生产工艺等原因，各压敏电阻生产厂家的产品普遍存在同一批产品技术参数存在差异，直接影响产品的质量。

压敏电阻避雷器的极间电容较大，在高频、超高额、甚高频电路中，往往因极间电容太大而在使用时受到限制。此外，压敏电阻器的残压往往是压敏电压的 3 倍左右，对晶体器件电路还嫌太高。

（6）氧化锌避雷器型号的表示和含义如下：

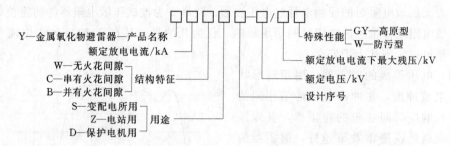

2.1.7.4　绝缘电阻试验

1. 原理和作用

绝缘体的作用是隔电，包括相间绝缘和相对地的绝缘。在正常情况下，电气设备的绝缘是不导电的，即绝缘电阻很高。因此，对于任何一种电气设备，保证它的相间和对地具有足够高的绝缘电阻，是电气设备安全运行的重要指标。

避雷器在制造过程中可能存在缺陷而未被检查出来，如在空气潮湿的天气或季节装配出厂，预先带进潮气；在运输过程中受损，内部瓷碗破裂，并联电阻震断，外部瓷套碰伤或者在运输中受潮，瓷套端部不平，滚压不严，密封橡胶垫圈老化变硬，瓷套裂纹以及并联电阻和阀片在运行中老化等。这些劣化都可以通过预防性试验来发现，从而防止避雷器在运行中的误动作和爆炸等事故。所以，加强投运前的交接验收试验和运行中的监测，及时总结运行经验是一项重要的工作。因而，在避雷器试验中，测量绝缘电阻是不可缺少的试验项目。

测量绝缘电阻为什么能发现上述缺陷？为何要读取 1min 时的绝缘电阻值？带着这样的疑问，先来分析电力设备绝缘在直流电压作用下所流过的电流。

首先分析电力设备绝缘在直流电压作用下的等值电路图（图 2.15）。当合上开关 S 时，记录微安表在不同时刻的读数，就得到了电力设备绝缘在直流电压作用下的电流变化曲线，如图 2.16 所示。从曲线上可以看出，电流逐渐下降，并趋于一恒定值，该值就是漏导电流 I_L。

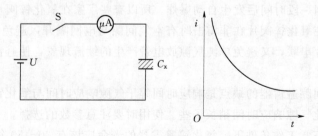

图 2.15　等值电路图

在实际的电介质上施加直流电压后，随时间衰减的电流可以看作由 3 种电流组成。

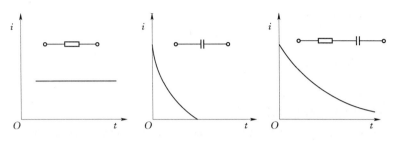

图 2.16 设备绝缘的电流变化曲线

（1）漏导电流。因为世界上没有绝对"隔电"的物质，在绝缘介质中总有一些联系弱的带电质点存在，例如大气中约存在 1000 对/cm^3 的正、负离子，所以任何绝缘材料在外加电压作用下都会有极微弱的电流流过，而且此电流经过一定的加压时间后趋于稳定。漏导电流是由离子移动产生的，其大小取决于电介质在直流电场中的电导率，所以可以认为它是纯电阻性电流。漏导电流随时间变化的曲线如图 2.17 所示。它的数值大小反映了绝缘内部是否受潮，或者是否有局部缺陷，或者表面是否脏污。因为在这些情况下，绝缘介质内部导电粒子增加，或者表面泄漏电流增加，都会引起漏导电流增加，使其绝缘电阻减小。

（2）充电电流。它是在加压时电源对电介质的几何电容充电时的电流，是由快速极化（如电子极化、离子极化）过程形成的位移电流。由于快速极化是瞬时完成的，故电流瞬间即逝。电容电流随时间变化的曲线如图 2.17 所示。

（3）吸收电流。它也是一个随加压时间的增加而减小的电流，不过它比充电电流衰减缓慢得多，可能延续数分钟，甚至数小时。这是因为吸收电流是由缓慢极化产生的，其值取决于电介质的性质、不均匀程度和结构。在不均匀介质中，这部分电流非常明显的。吸收电流随时间变化的曲线如图 2.17 所示。由于这一过程还要消耗能量，所以这部分电流可以看作电源经过一个电阻向电容器充电的电流。

若将 3 个电流曲线叠加，即可得到在兆欧表等直流电压作用下，流过绝缘介质的总电流随时间变化的曲线，通常称为吸收曲线，如图2.17 所示。

吸收曲线经过一段时间后趋于漏导电流曲线，因此在用兆欧表进行测量时，必须等到兆欧表指示稳定时才能读数。通常认为经 1min 后，漏导电流趋于稳定。所谓测量绝缘电阻就是用兆欧表测量这个与时间无关的漏导电流（微安级），但在表盘上反映出来的却是兆欧值。

由于流过绝缘介质的电流分为表面电流和体积电流，所以绝缘电阻也有表面绝缘电阻和体积绝缘电阻之分。表面电流只反映表面状态，而且可以被屏蔽掉，所以实际测得的绝缘电阻是体积绝缘电阻。因此，绝缘电阻的定义应为作用于绝缘上的电

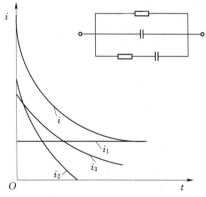

图 2.17 吸收曲线

i_1—漏导电流；i_2—充电电流；
i_3—吸收电流；i—叠加电流

压与稳态体积泄漏电流之比，即

$$R_{\mathrm{j}} = \frac{U}{I_{\mathrm{w}}}$$

式中　R_{j}——体积绝缘电阻；

　　　U——作用于绝缘上的电压；

　　　I_{w}——稳态时体积泄漏电流。

当绝缘受潮或有其他贯通性缺陷时，绝缘介质内离子增加，因而体积漏导电流剧增，体积绝缘电阻变小。因此，体积绝缘电阻的大小在某种程度上标志着绝缘介质内部是否受潮或品质上的优劣。体积绝缘电阻

$$R_{\mathrm{t}} = \frac{\rho_{\mathrm{t}} d}{S}$$

式中　ρ_{t}——绝缘的体积电阻率，$\Omega \cdot \mathrm{cm}$；

　　　d——极间距离，cm；

　　　S——介质上的电极面积，cm^2。

由此可见，体积绝缘电阻与绝缘尺寸有关。对同一材料、同一直径的绝缘子而言，绝缘子串越长，其绝缘电阻越高；而对电缆却是长度越长，其体积绝缘电阻越小。

不同绝缘的吸收曲线不同。对同一绝缘而言，受潮或有缺陷时，吸收曲线也会发生变化，据此可以用吸收曲线来判断绝缘好坏。一般用初始电流与稳定电流之比 i_0/i_{w} 来表示绝缘的吸收特性。若用绝缘电阻来表示，则为 R_0/R_{w}。由于在进行绝缘电阻测量时，要真正测出 R_0/R_{w} 很困难，所以通常分别用从兆欧表达稳定转速并接入被试物开始算起，第15s 和第60s 的绝缘电阻值 R''_{15} 和 R''_{60} 来代替，并求出比值 R''_{60}/R''_{15}，称为吸收比。根据试验经验，一般认为 R''_{60}/R''_{15} 不小于 1.3 时，绝缘是干燥的。

随着电力设备（如变压器、发电机等）的大容量化，其吸收电流衰减得很慢，在 60s 时测出的绝缘电阻仍会受吸收电流的影响，此时用吸收比来判断绝缘是否受潮会有困难。为了更好地判断绝缘是否受潮，国外及国内变压器等已采用极化指数作为衡量指标，它被定义为加压 10min 时的绝缘电阻与加压 1min 时的绝缘电阻之比，即 R'_{10}/R'_1。根据 GB 50150—2006《电气装置安装工程 电气设备交接试验标准》的规定，极化指数一般不小于 1.5。

影响绝缘电阻测量的因素有：湿度、温度、表面脏污和受潮、被试设备剩余电荷、兆欧表容量。

当空气相对湿度增大时，由于毛细管作用，绝缘物将吸收较多水分，使电导率增加，降低了绝缘电阻的数值，尤其对表面泄漏电流的影响更大。实践证明，在雾雨天气或早晚进行试验测出的绝缘电阻很低，与在晴朗中午用同样的设备试验所测得的绝缘电阻相差很大，充分说明了湿度对绝缘电阻的影响。

电力设备绝缘电阻随温度的变化而变化。富于吸湿性的材料，受温度影响最大。一般情况下，绝缘电阻随温度升高而减小。因为温度升高时，加速了电介质内部离子的运动，同时绝缘内的水分，在低温时与绝缘物结合得较紧密。当温度升高时，在电场作用下水分即向两极伸长。这样在纤维物质中，呈细长线状的水分粒子伸长，使其电导率增加。此外，水分中含有溶解的杂质或绝缘物内含有盐类、酸性物质，也使电导率增加，从而降低

了绝缘电阻。

被试物的表面脏污或受潮，会使其表面电阻率大大降低，绝缘电阻将显著下降，必须设法消除表面泄漏电流的影响。

对有剩余电荷的被试设备进行试验时，会出现虚假现象，使测量数据虚假地增大或减小。当剩余电荷的极性与兆欧表的极性相同时，会使测量结果虚假地增大。当剩余电荷的极性与兆欧表的极性相反时，会使测量结果虚假地减小，这是因为兆欧表需输出较多的异性电荷去中和剩余电荷。为消除剩余电荷影响，应事先"充分"放电。兆欧表的容量越大越好。

在得出测量结果后要对所得值进行相应的分析判断，所测得的绝缘电阻值应大于规定的允许值。将所测结果与有关数据比较，是对试验结果进行分析判断的重要方法。通常用作比较的数据包括：同一设备各相间的数据，同类设备间的数据、出厂试验数据、耐压前后数据等。如发现异常，应立即查明原因或辅以其他测试结果进行综合分析、判断。

绝缘电阻测量并不能检测出所有缺陷。在某些情况下，绝缘虽然存在某种局部的缺陷，但相间绝缘和相对地绝缘仍保持良好，绝缘电阻很少下降，甚至没有变化，测量绝缘电阻并不能发现和判断这类缺陷，因而需要采用其他试验项目来检测。

2. 兆欧表的结构

兆欧表是用于测量绝缘电阻的仪表。兆欧表大多采用手摇发电机供电，故又称摇表。它的刻度是以 $M\Omega$ 为单位的。

兆欧表的结构是由两个线圈固定在同一轴上且相互垂直。一个线圈与电阻 R 串联，另一个线圈与被测电阻 R_x 串联，两者并联于直流电源。结构如图 2.18 所示。

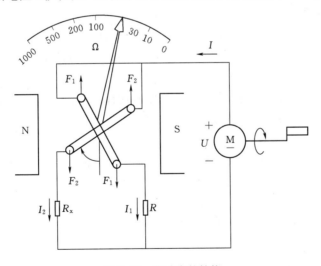

图 2.18 兆欧表的结构

3. 兆欧表的工作原理

如 2.18 所示，在测量时，通过线圈的电流 $I_1 = U/(R_1 + R)$，$I_2 = U/(R_2 + R_x)$。其中 R_1、R_2 为线圈电阻，线圈受到磁场的作用，产生两个方向相反的转矩，$T_1 = k_1 I_1 f_1(\alpha)$，$T_2 = k_2 I_2 f_2(\alpha)$。$f_1(\alpha)$ 和 $f_2(\alpha)$ 分别为两个线圈所在处的磁感应强度与偏转角 α 之间的

函数关系。

仪表的可动部分在转矩的作用下发生偏转，直到两个线圈产生的转矩平衡。当两个线圈产生的转矩平衡时，有 $T_1 = T_2$，即 $k_1 I_1 f_1(\alpha) = k_2 I_2 f_2(\alpha)$。表明，偏转角 α 与两线圈中电流之比有关，故称为流比计。偏转角 α 与被测电阻 R_x 有一定的函数关系，所以 α 角可以反映出被测电阻的大小。仪表的偏转角 α 与电源电压 U 无关，所以手摇发电机转动的快慢不影响读数。

4. 兆欧表的使用方法

兆欧表的选用，主要是选择其电压及测量范围，高压电气设备需使用电压高的兆欧表，低压电气设备需使用电压低的兆欧表。一般选择原则是：500V 以下的电气设备选用 500V 或者 1000V 的兆欧表；测量高压电器选用 2500V 以上的兆欧表。

要使测量范围适应被测绝缘电阻的数值，避免读数时产生较大的误差。如有些兆欧表的读数不是从零开始，而是从 $1M\Omega$ 或 $2M\Omega$ 开始。这种表就不适宜用于测定处在潮湿环境中的低压电气设备的绝缘电阻。因为这种设备的绝缘电阻有可能小于 $1M\Omega$，使仪表得不到读数，容易误认为绝缘电阻为零，而得出错误结论。

电阻量程范围的选择。摇表的表盘刻度线上有两个小黑点，小黑点之间的区域为准确测量区域。所以在选表时应使被测设备的绝缘电阻值在准确测量区域内。

兆欧表在工作时，自身产生高电压，而测量对象又是电气设备，所以必须正确使用，否则容易造成人身或设备事故。

（1）兆欧表使用前检查：

1）测量前必须将被测设备电源切断，并对地短路放电，决不允许设备带电进行测量，以保证人身和设备的安全。

2）对可能感应出高压电的设备，必须消除这种可能性后，才能进行测量。

3）被测物表面要清洁，减少接触电阻，确保测量结果的正确性。

4）测量前要检查兆欧表是否处于正常工作状态，主要检查其"0"和"∞"两点。短接"L""E"线夹即轻摇动手柄，兆欧表在短路时指针应指在"0"位置，"L""E"线夹开路，使电机达到额定转速时，兆欧表指针应指在"∞"位置。

5）兆欧表引线应用多股软线，而且应有良好的绝缘。

6）不能全部停电的双回架空线路和母线，在被测回路的感应电压超过12V时，或当雷雨发生时的架空线路及与架空线路相连接的电气设备，禁止进行测量。

7）兆欧表使用时应放在平稳、牢固的地方，且远离大的外电流导体和外磁场。

（2）使用兆欧表测量绝缘电阻时的步骤：

1）兆欧表的选择。主要是根据不同的电气设备选择兆欧表的电压及其测量范围。对于额定电压在 500V 以下的电气设备，应选用电压等级为 500V 或 1000V 的兆欧表；额定电压在 10kV 以上的电气设备，应选用 2500V 以上的兆欧表。

2）测试前的准备。测量前将被测设备电源切断，并短路接地放电 3～5min，特别是电容量大的，更应充分放电以消除残余静电荷引起的误差，保证正确的测量结果以及人身和设备的安全；被测物表面应擦干净，绝缘物表面的污染、潮湿对绝缘的影响较大，而测量的目的是了解电气设备内部的绝缘性能，一般都要求测量前用干净的布或棉纱擦净被测物，否则达不到检查的目的。

兆欧表在使用前应平稳放置在远离大电流导体和有外磁场的地方；测量前对兆欧表本身进行检查。开路检查，两根线不要绞在一起，将发电机摇动到额定转速，指针应指在"∞"位置。短路检查，将表笔短接，缓慢转动发电机手柄，看指针是否到"0"位置。若零位或无穷大达不到，说明兆欧表有问题，必须进行检修。

3）接线。一般兆欧表上有 3 个接线柱："L"表示"线"或"相线"接线柱；"E"表示"地"接线柱，"G"表示屏蔽接线柱。一般情况下，用有足够绝缘强度的单相绝缘线将"L"和"E"分别接到被测物导体部分和被测物的外壳或其他导体部分（如测相间绝缘）。在特殊情况下，如被测物表面受到污染不能擦干净、空气太潮湿或者有外电磁场干扰等，就必须将"G"接线柱接到被测物的金属屏蔽保护环上，以消除表面漏流或干扰对测量结果的影响。

4）测量。轻摇动发电机手摇臂如指针不为"0"，Ω 方向即可使转速达到额定转速（120r/min）并保持稳定（如轻摇时指针不为"0"，Ω 方向可判断接错线或者设备本身绝缘不好，此时应停止，进行检查）。一般采用 1min 以后的读数为准，当被测物电容量较大时，应延长时间，以指针稳定不变时为准。

5）拆线。在兆欧表没停止转动和被测物没有放电以前，不能用手触及被测物和进行拆线工作，必须先将被测物对地短路放电（放放为拆"L"端对"E"端放电，放电应注意防止触电），然后再停止兆欧表的转动，防止电容放电损坏兆欧表。

6）测量电动机的绝缘电阻时，"E"端接电动机的外壳，"L"端接电动机的绕组。

（3）在测量过程中要注意以下几点：

1）测量电气设备的绝缘电阻，必须先切断电源，遇到有电容性质的设备，例如电缆、线路必须先进行放电。

2）兆欧表使用时，必须平放。

3）兆欧表在使用之前要先转动几下，查看指针是否在最大处的位置，然后再将"L"和"E"两个接线柱短路，慢慢地转动兆欧表手柄，查看指针是否在"0"处。

4）兆欧表引线必须绝缘良好，两根线不要绞在一起。

5）兆欧表进行测量时，应先轻摇然后再以转动 1min 后的读数为准。

6）在测量时，应使兆欧表转数达到 120r/min。

7）兆欧表的量程往往达几千兆欧，最小刻度在 1MΩ 左右，因而不适合测量 100kΩ以下的电阻。

（4）兆欧表对低压设备测量结果的判断：

1）电动机的绕组间、相与相、相与外壳的绝缘电阻应不小于 0.5MΩ。移动电动工具的绝缘电阻不小于 2MΩ。

2）测量线路绝缘时，相与相之间绝缘电阻不小于 0.38MΩ、相与零之间绝缘电阻不小于 0.22MΩ。

3）中、小型电动机一般选用 500V 或者 1000V 型。

4）若测得某相电阻是零，说明此相已短路。

5）若测得某相电阻是 0.1MΩ 或 0.2MΩ，则说明此相绝缘电阻性能已降低。

6）电气设备的绝缘电阻越大越好。

7）电动机或线路的绝缘电阻性能降低、短路，需要维修，不能使用。

（5）兆欧表使用的注意事项：

1）禁止在雷电时或高压设备附近测绝缘电阻，只能在设备不带电也没有感应电的情况下测量。

2）摇测过程中，被测设备上不能有人工作。

3）摇测过程中，应至少由两人进行，一人摇测，一人监护放电。

4）摇表未停止转动之前或被测设备未放电之前，严禁用手触及。拆线时，也不要触及引线的金属部分。

5）测量结束时，对于大电容设备要放电（放电为拆"L"端对"E"端放电，放电应注意防止触电）。

6）要定期校验其准确度。

7）必须正确接线。

8）接线柱与被测设备间连接的导线不能用双股绝缘线或绞线，应该用单股线分开单独连接，避免因绞线绝缘不良而引起误差。为获得正确的测量结果，被测设备的表面应用干净的布或棉纱擦拭干净。

9）摇动手柄应由慢渐快，若发现指针指零，说明被测绝缘物可能发生了短路，这时就不能继续摇动手柄，以防表内线圈发热损坏。手摇发电机要保持匀速，不可忽快忽慢而使指针不停地摆动。通常最适宜的速度是 120r/min。

10）测量具有大电容设备的绝缘电阻，读数后不能立即停止摇动兆欧表，否则已被充电的电容器将对兆欧表放电，有可能烧坏兆欧表。应在读数后一方面降低手柄转速，另一方面拆去接地端线头，在兆欧表停止转动和被测物充分放电以前，不能用手触及被试设备的导电部分。

11）记下测量设备的绝缘电阻时，还应记下测量时的温度、湿度、被试物的有关状况等，以便于对测量结果进行分析。

（6）测量电缆的绝缘电阻时兆欧表的使用方法：

测量电力线路或照明线路的绝缘电阻时，"L"接被测线路上，"E"接地线。测量电缆的绝缘电阻时，为使测量结果精确，消除线芯绝缘层表面漏电所引起的测量误差，还应将"G"接到电缆的绝缘纸上。

（7）测量 110kV 避雷器的绝缘电阻时兆欧表使用方法：

1）必须将底座的避雷器计数器短接接地。

2）将连接避雷器上端的导线拆除。

3）测量避雷器绝缘电阻时，"L"接被测避雷器的上端（即接导线端），"E"接地线。

4）测量避雷器的绝缘电阻时，避雷器表面很脏，为了使测量结果精确，消除避雷器绝缘层表面漏电所引起的测量误差，还应将"G"接到避雷器的绝缘群片上（视现场情况而定）。

5）判断兆欧表的好坏。

6）注意连接的"L"测试线必须是悬空的，连接"E"的测试线不接碰到"L"测试线即可。

7）在测量时，兆欧表使用时必须平放。应使兆欧表转数达到 120r/min。

8）测量结束后应戴绝缘手套进行放电（放电为拆"L"端对"E"端放电，放电应注意防止触电）。

9）测量应两人同时进行，一人摇测，另一人短接放电。

任务 2.2　测量避雷器电导电流和直流 1mA 下的电压 U_{1mA} 及 75%该电压下的泄漏电流

【任务导航】

本任务设置了一个教学情境，执行一个试验任务，试验目的是检查避雷器并联是否受潮、劣化、断裂，以及同相各元件的 α 系数是否相配；对无串联间隙的金属氧化物避雷器则要求测量直流 1mA 下的电压及 75%该电压下的泄漏电流。

任务的适用范围是 10kV 及以上避雷器交接、大修后试验和预试。测量前，准备好试验所需仪器仪表、工器具、相关材料、相关图纸及相关技术资料。仪器仪表、工器具应试验合格，满足本次试验的要求，材料应齐全，图纸及资料应符合现场实际情况。了解被试设备出厂和历史试验数据，分析对比设备情况，要求所有工作人员都明确本次工作的作业内容、进度要求、作业标准及安全注意事项。根据本次作业内容和性质确定好试验人员，并组织学习试验指导书。根据现场工作时间和工作内容填写工作票。该任务需要的主要设备器材为 110kV 氧化锌避雷器一组、高压直流发生器、微安表和测试线夹若干。

2.2.1　准备相关技术资料

1. 主要内容

当直流电压加到设备的绝缘介质上时，会有一个随时间逐渐减小，最后趋于稳定的极微小的电流通过，即电导现象。电气设备的绝缘在直流电压下也会出现电导现象，电导现象对于了解电介质的特性很重要。电介质的电导与金属的电导有本质的区别。电导现象往往和介质的击穿特性、损耗等现象有关。本任务通过试验的方法反映了避雷器的泄漏电流。

2.《电力设备预防性试验规程》有关条目

测量 75%U_{1mA} 下的直流泄露电流，主要检测长期允许工作电流的变化情况。规程规定，75%U_{1mA} 下的泄漏电流不大于 50μA。

3. 出厂、历史数据

了解被测试设备出厂和历史试验数据，以便分析对比设备情况。

4. 任务单

（1）规范性引用文件。

（2）作业准备。

（3）作业流程。

（4）安全风险及预控措施。

（5）试验项目、方法及标准。

2.2.2 成立工作班组

任务工作班组由 5 人组成。

1. 工作负责人（1 人）

由熟悉设备、熟悉现场的人员担任。负责本次试验工作。并主持班前班后会，负责本组人员分工，提出合理化建议并对全体试验人员详细交代工作内容、安全注意事项和带电部位。核对作业人员的接线是否正确，并对测量过程的异常现象进行判断。出现安全问题及时向指导教师汇报，并参与事故分析，及时总结经验教训，防止事故重复发生。

2. 现场安全员（1 人）

由有经验的人员担任。主要负责设备、试验仪器、仪表和本组人的安全监督。

3. 数据记录人员（1 人）

由经过专业培训的高压试验人员担任。负责对本次试验数据的记录和填写试验报告。

4. 作业人员（2 人）

由经过专业培训的高压试验人员担任。负责本次任务的接线和操作。

2.2.3 准备设备器具

避雷器电导电流和直流 1mA 下的电压 U_{1mA} 及 75％该电压下的泄漏电流的测量应配置的设备器具可从以下三个方面准备：

（1）安全防护用具。如安全帽、安全带、标志牌等。

（2）常用工具。如螺丝刀、扳手等。

（3）主要设备：高压直流发生器。

2.2.4 安全工作要求

1. 高处作业

（1）安全风险：在拆除一次引线时，作业人员在梯子或站在设备构架上工作时，易不慎坠落造成轻伤。

（2）预控措施：

1）高处作业人员正确佩戴安全帽。

2）梯子上工作时须有人扶持。

3）工作人员穿防滑劳保鞋。

4）使用刀闸防护架挂扣安全带。

2. 高处坠物

（1）安全风险：工作人员拆除一次引线时工器具脱落，砸伤下方工作人员。

（2）预控措施：

1）按规定，地面工作人员不得在作业点正下方停留。

2）作业人员将携带工具放在工具包中，工器具不得上下抛掷，传递时用吊物绳绑绑牢固。

3）所有现场工作人员正确佩戴安全帽。

3. 触电

（1）安全风险：进行直流 1mA 时的电压值 U_{1mA} 及 $0.75U_{1mA}$ 下的泄漏电流 I。值、工频参考电流下的工频参考电压测试时，工作人员触碰到被试设备带电部位。

（2）预控措施：

1）相互协调，所有人员撤离到安全地方后，再开始试验；升压前及升压中派专人监护并呼唱。

2）其他班组人员离开试验区域，并装设试验围栏，向外悬挂"止步，高压危险"标示牌。

3）在加压可能到的设备装设"止步，高压危险"围栏，必要时派人把守。

4）两人进行，其中有经验的一人作监护人。

4. 误操作

（1）安全风险：接试验电源时，错误地接入与测试仪器不符的试验电源。

（2）预控措施：

1）查看仪器极限参数或仪器上标明的电源电压。

2）接电源前使用万用表测量电源电压，确保接入正确。

3）接试验电源时，两人进行，相互监督。

2.2.5　执行任务

2.2.5.1　作业准备

（1）负责人组织查阅历史试验报告；熟悉氧化锌避雷器试验的各种方法。

（2）按照要求做好相关工器具及材料准备工作。

1）工器具、仪器须有能证明合格有效的标签或试验报告。

2）工器具、仪器、材料应进行检查，确认其状态良好。

（3）由工作负责人通过工作许可人办理工作票许可手续。办理变电站工作票，需提前一天提交至变电站，核对现场安全措施。

（4）工作负责人与工作许可人一起核实确认安全措施完全可靠，满足工作要求；并注明双方需交代清楚的事项。认真履行工作许可手续，严格执行有关规章制度。

（5）召开班前会，检查员工的穿着及精神状态；宣读工作票，并交代安全措施及危险点；进行工作分工。

1）安全帽、工作服、工作鞋参数规格应满足任务需要，如有时效要求，则应在有效期范围内。

2）安措、危险点交代内容必须完整，并确认其已被所有作业人员充分理解。

3）分工明确到位，职责清晰。

2.2.5.2　作业实施

（1）必须将底座的避雷器计数器短接接地。

（2）对被试避雷器停电做好安全措施并充分放电。

（3）将连接避雷器上端的导线拆除。

（4）测量前应抄取避雷器铭牌上的所有信息和编号，测量时应记录被试设备的温度、湿度、气象情况、试验日期及使用仪表等。

(5) 用干燥清洁柔软的布擦去被试品外绝缘表面的脏污，必要时用适当的清洁剂洗净。

(6) 测量前先对避雷器进行绝缘电阻测试。

(7) 根据现场情况进行试验接线。

1) 采用高压直流发生器进行试验接线，避雷器为一节时的接线方法：应拆除一次连接线。

2) 采用高压直流发生器进行试验接线，避雷器为两节时的接线方法：有条件的情况下应尽可能将一次连接线拆除（对于母线避雷器，可将母线地刀拉开），以确保测量的准确性。测量接线如图 2.19 (a)、(b) 所示。如果由于现场条件的限制无法拆开一次线，在测量上节时，可用双微安表法，测量接线如图 2.19 (c) 所示，以高压侧微安表 A_1 的读数（总电流）减去微安表 A_2 的读数（下节避雷器的电流）作为上节避雷器的泄漏电流。而下节避雷器可以直接读取 A_2 表的读数。避雷器为 3 节（及以上）时的接线方法如图 2.20 所示（测量上节和下节时电流读取 A_1 表的数值，测量中节时读取 A_2 表的数据）。

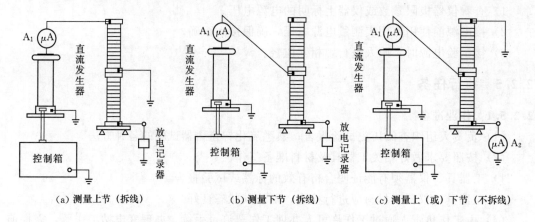

(a) 测量上节（拆线）　　　(b) 测量下节（拆线）　　　(c) 测量上（或）下节（不拆线）

图 2.19　避雷器由两节组成时泄漏电流的测量接线

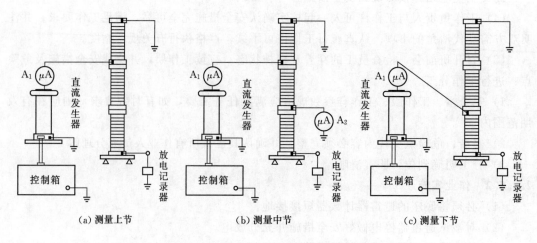

(a) 测量上节　　　(b) 测量中节　　　(c) 测量下节

图 2.20　由三节及以上组成的避雷器直流泄漏试验接线

（8）开始测试，待数据稳定后读取绝缘电阻值。用 2500V 以上兆欧表进行测量，读取 1min 时的绝缘电阻值，并做好记录。

（9）首先检查升压旋钮是否回零，然后合上刀闸，打开操作电源，逐步平稳升压，升压时严格监视泄漏电流，当快到 1mA 时，缓慢调节升压按钮，使泄漏电流达到 1mA，此时马上读取电压，然后降压至该电压的 75%，再读取此时的泄漏电流。如采用图 2.19（c）所示接线方式，应同时观测 A_1 及 A_2 电流表读数，当上节（或下节）泄漏电流达 1mA 时，读取直流高电压值 U_{1mA}。

（10）数据记录员记录数据。

（11）降压至零，断开试验电源。

（12）迅速调节升压按钮回零，断开停止按钮，断开设备电源开关，拉开电源刀闸，对被试设备和高压发生器放电。

（13）测量试验后的避雷器的绝缘电阻。

（14）清理现场。

2.2.5.3 测量注意事项

（1）必须将底座的避雷器计数器短接接地。

（2）对被试避雷器停电，做好安全措施并充分放电。

（3）将连接避雷器上端的导线拆除。

（4）在整个试验过程中，要密切监视被试品、试验回路及有关表计。若有击穿、闪络、气体放电等现象发生，尤其是在加到高压为 30kV 和 40kV 时，此时应先将调压器归零，进行降压，然后再切断电源、放电。查明原因，待妥善处理后，方可继续进行试验。

（5）每次试验完毕后，都要进行充分的放电，然后才能进行下一次的试验，放电时必须确定要先切断电源。

（6）每次加高压前必须检查调压器是否在零位，防止在未退至零位时就投入高压电源而产生冲击，损伤试验设备的绝缘和得到不正确的试验结果。每次切除高压时必须将调压器退至零位，这样可以防止下次通电时突然加上高压。

2.2.6 结束任务

（1）清理工作现场，拆除安全围栏，将工器具全部收拢并清点。

（2）检查被试验设备上有无遗留工器具和试验有无导地线。

（3）做好试验记录，记录本次试验内容，反措或技改情况，有无遗留问题以及判断试验结果。

（4）会同验收人员对现场安全措施及试验设备的状态进行检查，并恢复至工作许可时状态。

（5）经全部验收合格，做好试验记录后，办理工作终结手续。

2.2.6.1 小组总结会

本小组召全体工作人员参加班后会。总结回顾本次工作情况。由工作负责人交代本次工作完成情况、注意事项、存在问题及处理意见。最后填写设备维护记录。

2.2.6.2 编制任务报告表

任务报告由数据记录人员负责填写。参加实验的人员在报告上分别签名。本次试验报告见表 2.2。

表 2.2　　避雷器电导电流和直流 1mA 下的电压 U_{1mA} 及 75%

该电压下的泄漏电流的测量试验报告表

＿＿＿＿＿＿避雷器电导电流和直流 1mA 下的电压 U_{1mA}

及 75% 该电压下的泄漏电流的测量试验报告

试验日期：＿＿＿年＿＿月＿＿日　　　　　湿度：＿＿＿＿＿＿　温度：＿＿＿＿＿

型号：＿＿＿＿＿＿　　　额定电压：＿＿＿＿kV　持续运行电压：＿＿＿＿kV

制造厂：＿＿＿＿＿＿　　出厂日期：＿＿＿年＿＿月＿＿日

序号（编号）：A 相　　　　B 相　　　　C 相

试验位置	一次对地绝缘电阻/MΩ	直流 1mA 临界动作电压/kV	0.75 倍 U_{1mA} 泄漏电流/μA	持续运行电压 78kV 下持续电流/μA	底座对地绝缘/MΩ	电导电流
A						
B						
C						

结论：根据 GB 50150—2006 标准，试验结果：＿＿＿＿＿＿＿＿＿＿＿＿＿＿

试验员：＿＿＿＿＿＿　　试验负责人：＿＿＿＿＿＿

＿＿＿＿＿年＿＿月＿＿日

2.2.7　知识链接

2.2.7.1　电导现象

当直流电压加到设备的绝缘介质上时，会有一个随时间逐渐减小，最后趋于稳定的极微小的电流通过，即电导现象。它由 3 个电流构成，即电容充电电流、吸收电流和泄漏电流。

（1）电容充电电流。加压瞬间相当于电容充电，产生一个随时间迅速衰减的充电电流，此电流与电容量和外加电压有关，它是无损耗极化电流。

（2）吸收电流。在直流电压电场的作用下，介质的偶极子发生缓慢转动而引起极化电流，由于不同介质电性能的差异，产生吸收现象而引起的电流。它是有损耗极化电流，此电流大小及衰减时间与绝缘介质、不均匀程度及构成情况有关。

（3）泄漏电流。当直流电压加到被试品上时，绝缘介质内部或表面会有带电粒子，离子和自由电子做定向移动形成电流，称泄漏电流，它的大小与时间无关，与绝缘内部是否受潮、表面是否清洁等因素有关。

氧化锌避雷器以其优异的技术性能逐渐取代了其他类型的避雷器，成为电力系统的换代保护设备。由于氧化锌避雷器没有放电间隙，氧化锌电阻片长期承受运行电压，并有泄漏电流不断流过氧化锌避雷器各个串联电阻片，这个电流的大小取决于氧化锌避雷器热稳定和电阻片的老化程度。如果氧化锌避雷器在动作负载下发生劣化，将会使正常对地绝缘水平降低，泄漏电流增大，直至发展成为氧化锌避雷器的击穿损坏。所以通过避雷器电导电流和直流 1mA 下的电压 $U_{1\text{mA}}$ 及 75% 该电压下的泄漏电流的测量，正确判断其质量状况是非常必要的。氧化锌避雷器的质量如果存在，那么通过氧化锌避雷器电阻片的泄漏电流的试验结果判断，因此可以把测量氧化锌避雷器的泄漏电流作为测量氧化锌避雷器质量状况的一种重要手段。

2.2.7.2 泄漏电流试验

由于绝缘电阻测量的局限性，所以在绝缘试验中就出现了测量泄漏电流的项目。测量泄漏电流所用的设备要比兆欧表复杂，一般用高压整流设备进行测试。由于试验电压高，所以就容易暴露绝缘本身的弱点，用微安表直测泄漏电流，这可以做到随时进行监视，灵敏度高。并且可以用电压和电流、电流和时间的关系曲线来判断绝缘的缺陷。它属于非破坏性试验。

由于电压是分阶段地加到绝缘物上，便可以对电压进行控制。当电压增加时，薄弱的绝缘将会出现大的泄漏电流，也就是得到较低的绝缘电阻。

1. 泄漏电流的特点

测量泄漏电流的原理和测量绝缘电阻的原理本质上是完全相同的，而且能检出缺陷的性质也大致相同。但由于泄漏电流测量中所用的电源一般均由高压整流设备供给，并用微安表直接读取泄漏电流。因此，它与绝缘电阻测量相比又有以下特点：

（1）试验电压高，并且可随意调节。测量泄漏电流是对一定电压等级的被试设备施以相应的试验电压，这个试验电压比兆欧表额定电压高得多，所以容易使绝缘本身的弱点暴露出来。因为绝缘中的某些缺陷或弱点，只有在较高的电场强度下才能暴露出来。

（2）泄漏电流可由微安表随时监视，灵敏度高，测量重复性也较好。

（3）根据泄漏电流测量值可以换算出绝缘电阻值，而用兆欧表测出的绝缘电阻值则不可换算出泄漏电流值。因为要换算，首先要知道加到被试设备上的电压是多少，兆欧表虽然在铭牌上刻有规定的电压值，但加到被试设备上的实际电压并非一定是此值，而与被试设备绝缘电阻的大小有关。当被试设备的绝缘电阻很低时，作用到被试设备上的电压也非常低，只有当绝缘电阻趋于无穷大时，作用到被试设备上的电压才接近于铭牌值。这是因为被试设备绝缘电阻过低时，兆欧表内阻压降使"线路"端子上的电压显著下降。

（4）可以用 $i = f(u)$ 或 $i = f(t)$ 的关系曲线并测量吸收比来判断绝缘缺陷。泄漏电流与加压时间的关系曲线如图 2.21 所示。在直流电压作用下，当绝缘受潮或有缺陷时，电流随加压时间下降得比较慢，最终达到的稳态值也较大，即绝缘电阻较小。

2. 测量原理

当直流电压加于被试设备时，其充电电流（几何电流和吸收电流）随时间的增加而逐渐衰减至零，而泄漏电流保持不变。故微安表在加压一定时间后其指示数值趋于恒定，此时读取的数值则等于或近似等于漏导电流即泄漏电流。

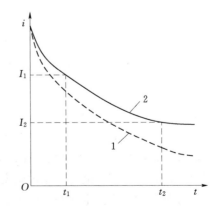

图 2.21　泄漏电流与加压时间的关系曲线
1—良好；2—受潮或有缺陷

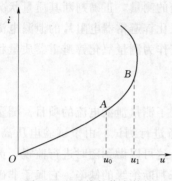

图 2.22　绝缘的伏安特性

对于良好的绝缘，其漏导电流与外加电压的关系曲线应为一直线。但是实际上的漏导电流与外加电压的关系曲线仅在一定的电压范围内才是近似直线，如图 2.22 中的 OA 段。若超过此范围，离子活动加剧，此时电流的增加要比电压增加快得多，如 AB 段，到 B 点后，如果电压继续增加，则电流将急剧增长，产生更多的损耗，以致绝缘被破坏，发生击穿。

在预防性试验中，测量泄漏电流时所加的电压大都在 A 点以下，故对良好的绝缘，其伏安特性 $i = f(u)$ 应近似于直线。当绝缘有缺陷（局部或全部）或有受潮的

现象存在时，漏导电流急剧增长，使其伏安特性曲线不再是直线。因此，可以通过测量泄漏电流来判断绝缘是否有缺陷或是否受潮。

将直流电压加到绝缘上时，其泄漏电流是不衰减的，在加压到一定时间后，微安表的读数就等于泄漏电流值。绝缘良好时，泄漏电流和电压的关系几乎呈一直线，且上升较小；绝缘受潮时，泄漏电流则上升较大；当绝缘有贯通性缺陷时，泄漏电流将猛增，和电压的关系就不是直线了。因此，通过泄漏电流和电压之间变化的关系曲线就可以对绝缘状态进行分析判断。在图 2.23 和图 2.24 中绘出了泄漏电流和电压及时间的关系曲线。对于良好的绝缘，其泄漏电流应随所加的电压值线性上升，并在规定的试验电压作用下，其泄漏电流不应随加压时间的延长而增大。

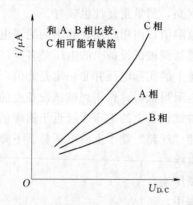

图 2.23　泄漏电流和电压的关系曲线

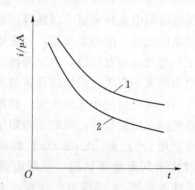

图 2.24　泄漏电流和时间的关系曲线
1—正常；2—可能变三相或有缺陷

3. 影响测量结果的主要因素

（1）高压连接导线。由于接往被测设备的高压导线是暴露在空气中的，当其表面场强高于 20kV/cm 时（取决于导线直径、形状等），沿导线表面的空气发生电离，对地有一定的泄漏电流，这一部分电流会流过微安表，因而影响测量结果的准确度。

一般都把微安表固定在升压变压器的上端，这时就必须用屏蔽线作为引线，也要用金属外壳把微安表屏蔽起来。

屏蔽线宜用低压的软金属线，因为屏蔽和线芯之间的电压极低，致使仪表的压降较

小，金属的外壳屏蔽一定要接到仪表和升压变压器引线的接点上，要尽可能地靠近升压变压器出线。这样，电晕虽然还照样发生，但只在屏蔽线的外层上产生电晕电流，而这一电流就不会流过微安表，这样可以完全防止高压导线电晕放电对测量结果的影响。由上述可知，这样接线会带来一些不便，为此，根据电晕的原理，采取粗而短的导线、增加导线对地距离、避免导线有毛刺等措施，可减小电晕对测量结果的影响。

（2）表面泄漏电流。泄漏电流可分为体积泄漏电流和表面泄漏电流两种，如图 2.25 所示。表面泄漏电流的大小，只取决于被试设备的表面情况，如表面受潮、脏污等。若绝缘内部没有缺陷，而仅表面受潮，实际上并不会降低其内部绝缘强度。为真实反映绝缘内部情况，在泄漏电流测量中，所要测量的只是体积电流。但是在实际测量中，表面泄漏电流往往大于体积泄漏电流，这给分析、判断被试设备的绝缘状态带来了困难，因而必须消除表面泄漏电流对真实测量结果的影响。

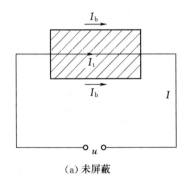
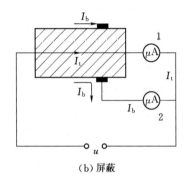

（a）未屏蔽　　　　　　　　　　　　　　　（b）屏蔽

图 2.25　通过被试设备的体积泄漏电流和表面泄漏电流及消除示意图

消除的办法是使被试设备表面干燥、清洁，且高压端导线与接地端要保持足够的距离；还可采用屏蔽环将表面泄漏电流直接短接，使之不流过微安表。

（3）温度。与绝缘电阻测量相似，温度对泄漏电流测量结果有显著影响。所不同的是温度升高，泄漏电流增大。

由于温度对泄漏电流测量有一定影响，所以测量最好在被试设备温度为 $30 \sim 80 ℃$ 时进行。因为在这一温度范围内，泄漏电流的变化较为显著，而在低温时变化小，故应在停止运行后的热状态下进行测量，或在冷却过程中对几种不同温度下的泄漏电流进行测量，这样做也便于比较。

（4）电源电压的非正弦波形。在进行泄漏电流测量时，供给整流设备的交流高压应该是正弦波形。如果供给整流设备的交流低压不是正弦波，则对测量结果是有影响的。影响电压波形的主要是三次谐波。

必须指出，在泄漏电流测量中，调压器对波形的影响也是很多的。实践证明，自耦变压器畸变小，损耗也小，故应尽量选用自耦变压器调压。另外，在选择电源时，最好用线电压而不是相电压，因为相电压的波形易畸变。

如果电压是直接在高压直流侧测量的，则上述影响可以消除。

（5）加压速度。对被试设备的泄漏电流本身而言，它与加压速度无关，但是用微安表所读取的并不一定是真实的泄漏电流，而可能是保护吸收电流在内的合成电流。这样，加压速度就会对读数产生一定的影响。对于电缆、电容器等设备来说，由于设备的吸收现象很强，这是的泄漏电流要经过很长的时间才能读到，而在测量时，又不可能等很长的时间，大都是读取加压后 1min 或 2min 时的电流值，这一电流显然还包含着被试设备的吸收电流，而这一部分吸收电流是与加压速度有关的。如果电压是逐渐加上的，则在加压的过程中，就已有吸收过程，读得的电流值就较小；如果电压是很快加上的，或者是一下子加上的，则在加压的过程中就没有完成吸收的过程，而在同一时间下读得的电流就会大一些，对于电容大的设备就是如此，而对电容量很小的设备，因为它们没有什么吸收过程，则加压速度所产生的影响就不大了。

但是按照一般步骤进行泄漏电流测量时，很难控制加压的速度，所以对大容量的设备进行测量时，就出现了问题。

（6）微安表接在不同位置时。在测量接线中，微安表接的位置不同，测得的泄漏电流数值也不同，因而对测量结果有很大影响。图 2.26 所示为微安表接在不同位置时的分析用图。由图 2.25 可见，当微安表处于 μA_1 位置时，此时升压变压器 T 和 C_B 及 C_{12}（低压绕组可看成地电位）和稳压电容 C 的泄漏电流与高压导线的电晕电流都有可能通过微安表。这些试品的泄漏电流有时甚至远大于被试设备的泄漏电流。在某种程度上，当带上被试设备后，由于高压引线末端电晕的减少，总的泄漏电流有可能小于试品的泄漏电流，这样的话从总电流减去试品电流的做法将产生异常结果。特别是当被试设备的电容量很小，又没有装稳压电容时，在不接入被试设备来测量试品的泄漏电流时，升压变压器 T 的高压绕组上各点的电压与接入被试设备进行测量时的情况有显著的不同，这使上述减去所测试品泄漏电流的办法将产生更大的误差。所以当微安表处于升压变压器的低压端时，测量结果受杂散电流影响最大。

为了既能将微安表装于低压端，又能比较真实地消除杂散电流及电晕电流的影响，可选用绝缘较好的升压变压器。这样，升压变压器一次侧对地及一、二次侧之间杂散电流的影响就可以大大减小。经验表明，一、二次侧之间杂散电流的影响很大的。另外，还可将高压进线用多层塑料管套上，被试设备的裸露部分用塑料、橡皮之类绝缘物覆盖上，能提高测量的准确度。

除采用上述措施外，也可将接线稍加改动。如图 2.26 所示，将 1、2 两点，3、4 两点连接起来（在图中用虚线表示），并将升压变压器和稳压电容器对地绝缘起来。这样做能够得到较为满意的测量结果，但并不能完全消除杂散电流等的影响，因为高压引线的电晕电流还会流过微安表。

当被试设备两极对地均可绝缘时，可将微安表接于 μA_2 位置，即微安表处于被试设备低电位端。此位置处理受表面泄漏的影响外，不受杂散电流的影响。

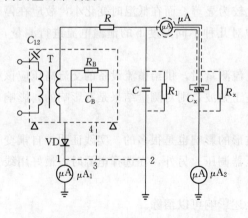

图 2.26　微安表接在不同位置时的分析图

当微安表接于图 2.26 中的 μA 位置时，如前所述，若屏蔽很好，其测量结果是很准确的。

（7）试验电压极性。电渗透现象使不同极性试验电压下油纸绝缘电气设备的泄漏电流测量值不同。

电渗透现象是指在外加电场作用下，液体通过多孔固体的运动现象，它是胶体中常见的电渗现象之一。由于多孔固体在与液体接触的交界面处，因吸附离子或本身的电力而带电荷，液体则带相反电荷，因此在外电场作用下，液体会对固体发生相对移动。

运行经验表明，电缆或变压器的绝缘受潮通常是从外皮或外壳附近开始的。根据电渗透现象，电缆或变压器绝缘中的水分在电场作用下带正电，当电缆芯或变压器绕组加正极性电压时，绝缘中的水分被其排斥而渗向外皮或外壳，使绝缘中水分含量相对减小，从而导致泄漏电流减小；当电缆芯或变压器绕组加负极性电压时，绝缘中的水分会被其吸引而渗过绝缘向电缆芯或变压器绕组移动，使其绝缘中高场强区的水分相对增加，导致泄漏电流增大。

试验电压的极性对新的电缆和变压器的测量结果无影响。因为新电缆和变压器绝缘基本没有受潮，所含水分甚微，在电场作用下，电渗现象很弱，故正、负极性试验电压下的泄漏电流相同。

试验电压的极性对旧的电缆和变压器的测量结果有明显的影响。试验电压极性小于对引线电晕电流的影响。

在不均匀、不对称电场中，外加电压极性不同，其放电过程及放电电压不同的现象，称为极性效应。

根据气体放电理论，在直流电压作用下，对棒—板间隙而言，其棒为负极性时的火花放电电压比棒为正极性时高得多，这是因为棒为负极性时，游离形成的正空间电荷，使棒电极前方的电场被削弱；而在棒为正极性时，正空间电荷使棒电极前方电场加强，有利于流注的发展，所以在较低的电压下就导致间隙发生火花放电。

对电晕起始电压而言，由于极性效应，会使棒为负极性的电晕起始电压较棒为正极性时略低。这是因为棒为负极性时，虽然有利于从电场最强的棒端附近开始，但正空间电荷使棒极附近的电场增强，故其电晕起始电压较低；而棒为正极性时，由于正空间电荷的作用，棒电极的"等效"曲率半径有所增大，故其电晕起始电压较高。

在进行直流泄漏电流试验时，其高压引线对地构成的电场可等效为棒—板电场，由上述分析可知，当试验电压为负极性时，电晕起始电压较低，所以此时的电晕电流影响较大。从这个角度而言，测量泄漏电流较小的设备（如少油断路器等）时，宜采用正极性试验电压。

4. 测量时的操作规定

（1）按接线图接好线，并由专人认真检查接线和仪器设备，当确认无误后，方可通电及升压。

（2）在升压过程中，应密切监视被试设备、实验回路及有关计计。微安表的读数应在升压过程中，按规定分阶段进行，且需要一定的停留时间，以避开吸收电流。

（3）在测量过程中，若有击穿、闪络等异常现象发生，应马上降压，以断开电源，并查明原因，详细记录，待妥善处理后，再继续测量。

（4）测量完毕、降压、断开电源后，均应对被试设备进行充分放电。放电前先将微安表短接，并先通过有高阻值电阻的放电棒放电，然后直接接地，否则会将微安表烧坏，例如在图 2.26 中，无论在哪个位置放电，都会有电流流过微安表，即使微安表短接，也发生由于冲击而烧表现象，因此必须严格执行通过高电阻放电的办法，而且还应注意放电位置。对电缆、变压器、发电机的放电时间，可以其容量大小由 1min 增至 3min，电力电容器可长至 5min，除此之外，还应注意附近设备有无感应静电电压的可能，必要时也应放电或预先短接。

（5）若是三相设备，同理应进行其他两项测量。

（6）按照规定的要求进行详细记录。

5. 测量中的问题

在电力系统交接和预防性实验中，测量泄漏电流时，常遇到的主要异常情况如下：

（1）指针来回摆动。这可能是由于电源波动、整流后直流电压的脉动系数比较大以及试验回路和被试设备有放电过程所致。若摆动不大，又不十分影响读数，则可取其平均值；若摆动很大，影响读数，则可增大主回路和保护回路中的滤波电容的电容量。必要时可改变滤波方式。

（2）指针周期性摆动。这可能是由于回路存在的反充电所致，或者是被试设备绝缘不良产生周期性放电造成的。

（3）指针突然冲击。若向小冲击，可能是电源回路引起的；若向大冲击，可能是试验回路或被试设备出现闪络或产生间歇性放电引起的。

（4）指针指示数值随测量时间而发生变化。若逐渐下降，则可能是由于充电电流减小或被试设备表面绝缘电阻上升所致；若逐渐上升，往往是被试设备绝缘老化引起的。

（5）测压用微安表不规则摆动。这可能是由于测压电阻断线或接触不良所致。

（6）指针反指。这可能是由于被试设备经测压电阻放电所致。

（7）接好线后，未加压时，微安表有指示。这可能是外界干扰太强或地电位抬高引起的。

遇到异常情况时，一般应立即降低电压，停止测量，否则可能导致被试设备击穿。

6. 从泄漏电流数值上反映出来的情况

（1）泄漏电流过大。这可能是由于测量回路中各设备的绝缘状况不佳或屏蔽不好所致，遇到这种情况时，应首先对实验设备和屏蔽进行认真检查，例如电缆电流偏大应先检查屏蔽。若确认无上述问题，则说明被试设备绝缘不良。

（2）泄漏电流过小。这可能是由于线路接错，微安表保护部分分流或有断脱现象所致。

（3）当采用微安表在低压侧读数，且用差值法消除误差时，可能会出现负值。这可能是由于高压线过长、空载时电晕电流大所致。因此高压引线应当尽量粗、短、无毛刺。

7. 硅堆的异常情况

在泄漏电流测量中，如使用试验变压器来做泄漏电流试验，有时发生硅堆击穿现象，这是由于硅堆选择不当、均压不良或质量不佳所致。为防止硅堆击穿，首先应正确选择硅堆，使硅堆不致在反向电压下击穿；其次应采用并联电阻的方法对硅堆串进行均压，若每个硅堆工作电压为5kV时，每个并联电阻常取为2MΩ。

8. 测量结论

对某一电气设备进行泄漏电流测量后，应对测量结果进行认真、全面的分析，以判断设备的绝缘状况，作出结论是合格或不合格。

对泄漏电流测量结果进行分析、判断可从下述几方面着手：

（1）与规定值比较。泄漏电流的规定值就是其允许的标准，它是在生产实践中根据多年积累的经验制定出来的，一般能说明绝缘状况。对于一定的设备，具有一定的规定标准。这是最简便的判断方法。

（2）比较对称系数法。在分析泄漏电流测量结果时，还常采用不对称系数（即三相之中的最大值和最小值的比）进行分析、判断。一般来说，不对称系数不大于2。

（3）查看 $i_L = f(u)$ 关系曲线法。利用泄漏电流和外加电压的关系曲线即 $i_L = f(u)$ 曲线，可以说明绝缘在高压下的状况。如果在实验电压下，泄漏电流与电压的关系曲线是一近似直线，那就说明绝缘没有严重缺陷，如果是曲线，而且形状陡峭，则说明绝缘有缺陷。

测量 $75\% U_{1mA}$ 下的直流泄漏电流，主要检测长期允许工作电流的变化情况。《电力设备预防性试验规程》中规定，$75\% U_{1mA}$ 下的泄漏电流不大于 $50\mu A$。

9. 空载电流对试验结果的影响

如果试验时天气比较潮湿，绝缘支架受潮、试验回路有尖端毛刺等，尖端放电现象存在，则不加被试品就有较大的空载泄漏电流存在，对试验结果会造成较大的影响，有些人会用先测一下空载电流，然后再加上被试品测出负载试验泄漏电流，用负载试验泄漏电流减去空载泄漏电流的办法进行校正，实际上这是不科学的，因为带上被试品后会改变电位分布，有时会出负载试验泄漏电流小于空载泄漏电流的现象。因而正确的做法是，先不带负载，加压到额定值，看空载泄漏电流在什么水平，如果较小，可以忽略不计；如果较大，则应排除造成空载泄漏电流较大的原因，如清擦或烘干绝缘支架，改变微安表的位置，清除试验回路的尖端毛刺，直到空载泄漏电流合格为止。

2.2.7.3 直流高压发生器测试仪简介

直流高压发生器测试仪产品很多，大致的功能相同。特点主要有：①采用了电压大反馈，因此输出电压稳定度得到大幅度提高，电压漂移量极小；②大幅度提高了频率，使纹波系数更小；③增设了高精度 $0.75 U_{DC1mA}$ 功能按钮，给氧化锌避雷器测量带来了极大的方便；④高压过电压整定采用数字拨盘开关，能将整定电压值直观显示，并具有较高的整定精度；⑤输出电压调节采用单个多圈电位器，升压过程平稳，调节精度高，操作简单；⑥与此同时，根据电磁兼容性理论，采用特殊屏蔽、隔离和接地等措施，从而保证试验器能承受额定电压放电不损坏。采用了独特的一体化机箱结构，使用时倍压与控制箱可分离，既方便携带，又安全可靠，体积重量大为减少。

直流高压发生器测试仪广泛适用于对氧化锌避雷器、磁吹避雷器、电力电缆、发电机、变压器、开关等设备进行直流高压试验。

1. 直流高压发生器测试仪工作原理

直流高压发生器测试仪工作原理如图 2.27 所示。

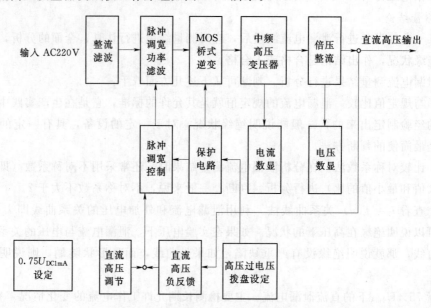

图 2.27　直流高压发生器测试仪工作原理

2. 直流高压发生器测试仪结构说明

（1）面板。

1）数显电流表。数字显示直流高压输出电流。

2）数显电压表。数字显示直流高压输出电压。

3）黄色带灯按钮。红灯亮时有效。当按下黄色按钮后，黄灯亮，输出高压降于原来的 75％，并在 1min 内保持此状态。此功能是专门为氧化锌避雷器快速测量 $0.75U_{DC1mA}$ 用。按下绿色按钮，红灯、黄灯均灭，高压切断并退出 75％ 状态。

4）红色带灯按钮。高压接通按钮、高压指示灯。在绿灯亮的状态下，按下红色按钮后，红灯亮绿灯灭，表示高压回路接通，此时可升压。此按钮须在电压调节电位器回零状态下才有效。如按下红色按钮，红灯亮绿灯仍亮，但松开按钮，红灯灭绿灯亮，表示机内保护电路已工作，此时必须关机检查过电压整定拨盘开关设置是否小于满量程的 5％ 及有无其他故障后，再开机。

5）绿色带灯按钮。绿灯亮表示电源已接通及高压断开。在红灯亮状态下按下绿色按钮，红灯灭绿灯亮，高压回路切断。

6）电源开关。将此开关朝右边按下，电源接通，绿灯亮。反之为关断。

7）过电压整定拨盘开关。用于设定过电压保护值。过电压设定范围为 0.05～1.2 倍额定电压，拨盘开关所显示值单位为 kV。

8）电压调节电位器。该电位器为多圈电位器。顺时针旋转为升压，反之为降压。此电位器具备电子零位保护功能，因此升压前必须先回零。

9）电源输入插座。将随机配置的电源线与电源输入插座相连。交流 220V±10％，插座内自带保险管。

10）接地端子。此接地端子与倍压筒接地端子及试品接地连接为一点后再与接地网相连。

11）中频及测量电缆快速连接插座。用于机箱与倍压部分的连接。连接时只需将电缆插头对准插座推进到位即可。拆线时先将电缆插头外面一个卡圈向后移动并稍用力即可。

（2）倍压筒（图 2.28）。

2.2.7.4 检查放电计数器动作情况

（1）试验目的。检查放电计数器是否正常工作。

（2）适用范围。35kV 及以上避雷器交接、大修后试验和预试。

（3）试验时使用的仪器。放电计数器测试棒。

（4）测量步骤：

1）测量前应抄取避雷器铭牌上的所有信息和编号，测量时应记录被试设备的温度、湿度、气象情况、试验日期及使用仪表等。

2）取出放电计数器测试棒，装好电池。

3）将测试棒的接地引线夹在计数器的接地端。

4）打开电源，等待几秒后，测试棒高压输出端迅速接触计数器与避雷器连接体，同时观察计数器是否动作。

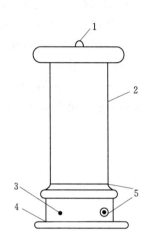

图 2.28 倍压筒
1—高压引出接线柱；2—倍压筒体；
3—接地端子；4—中频变；
5—中频连接插座

5）关闭电源后将测试棒头部点到接地端放电。

6）拆出电池，清理现场。

（5）影响因素及注意事项。测试 3～5 次，均应正常动作，测试后计数器指示应调到"0"。

（6）测量结果的判断。观察计数器是否能正常动作。

项 目 小 结

项目 2 介绍了避雷器的试验项目、避雷器的种类，重点介绍了氧化锌避雷器的知识。

由于氧化锌避雷器是一种新型的避雷器，所以前几年其试验方法和试验设备都很不完善，但随着氧化锌避雷器在电力系统中的推广和应用。对氧化锌避雷器的研究也越来越深入，运行经验也在逐渐积累，随之也发现了一些重要的问题：①氧化锌避雷器阀片性能不佳，参数设计不合理；②内部绝缘部件爬电距离不够和材质不良，内部结构不合理；③在装配中受潮或密封不良造成运行中受潮；④额定电压选择不合理等。

随着运行时间的增加，氧化锌避雷器阀片在长期运行电压下的老化问题也变得突出，所以加强投运前的交接验收试验和运行中的监测，及时总结运行经验是一项重要的工作。

氧化锌避雷器根据现场条件及厂家规定，主要选择以下两个试验：避雷器绝缘电阻试验、电导电流和直流 1mA 下的电压 U_{1mA} 及 75% 该电压下的泄漏电流的测量。

习　题

1. 绝缘电阻试验的作用是什么？简述兆欧表的使用方法。

2. 电导现象是怎么产生的？泄漏电流试验的原理和特点是什么？

3. 避雷器绝缘电阻试验方法步骤是什么？

4. 如何对避雷器绝缘电阻试验测量结果进行分析？

5. 绘出氧化锌避雷器 1mA 直流下的电压及 75％该电压下泄漏电流测量试验原理接线图。请写出试验步骤。

6. 氧化锌避雷器 1mA 直流下的电压及 75％该电压下泄漏电流测量试验应注意什么？其试验测量结果应如何分析？

项目3 互感器试验

【学习目标】

1. 能力目标要求

（1）能绘制试验接线图。

（2）能接线，能操作试验。

（3）能正确使用绝缘电阻表。

（4）能正确使用介损仪、直流电阻测试仪。

（5）能测量励磁特性曲线。

（6）能测量变比、极性。

（7）能编写试验报告，分析结果。

2. 知识目标要求

（1）互感器绝缘结构及原理。

（2）介质损耗的概念。

（3）介损测量的正接线、反接线方法的特点及应用。

（4）互感器绝缘要求。

（5）电容式电压互感器的电容及介损测试原理。

【项目导航】

（1）介质损失角正切值测量。

（2）电压互感器工频交流耐压试验。

（3）电压互感器直流电阻测量。

（4）电流互感器极性检查。

（5）电流互感器的励磁特性试验

任务3.1 测量电压互感器介质损失角正切值

【任务导航】

介质损失角正切值的测量是用来判断电气设备绝缘性能的好坏，反映绝缘损耗大小的一个物理量，它取决于绝缘材料的本体特性。介质损失角正切值的测量目的是灵敏地发现电压互感器的绝缘整体性受潮、劣化变质及套管绝缘损坏等缺陷。

3.1.1 准备相关技术资料

3.1.1.1 电压互感器相关知识

电压互感器是将高电压变换成标准的低电压（通常为100V）。电压互感器按工作原理可分为电磁式（电磁感应原理）和电容式（电容分压原理）两种，按其绝缘结构又可分为干式、塑料浇注式、油浸式、绝缘子式等。

绝缘物质在电场作用下存在能量损失的现象。如果介质损耗很大，会使电介质温度升高，使材料发生老化，如变脆、分解等，如果介质温度不断上升，甚至会把介质熔化、烧焦，丧失绝缘性能，导致热击穿。因此，电介质损耗的大小是衡量绝缘介质电性能的一项重要指标。有必要通过试验测量一个参数来衡量介质的损耗大小，从而判定该介质绝缘是否仍适合工作。

3.1.1.2 规程有关条目

（1）互感器的绕组 $\tan\delta$ 测量电压应为 10kV，$\tan\delta$ 不应大于规程中规定的数据。当对绝缘性能有怀疑时，可采用高压法进行试验，在 $(0.5\sim1)U_m/\sqrt{3}$ 范围内进行，$\tan\delta$ 变化量不应大于 0.2%，电容变化量不应大于 0.5%。

（2）末屏 $\tan\delta$ 测量电压为 2kV。本条规定主要适用于油浸式互感器。SF$_6$ 气体绝缘和环氧树脂绝缘结构互感器不适用，注硅脂等干式互感器可以参照执行。

（3）绕组 $\tan\delta$ 值执行 Q/CSG 114002—2011《电力设备预防性试验规程》。要求支架 $\tan\delta$ 值应不大于 6%；对 35kV 以上互感器进行分级绝缘电压互感器试验电压为 3kV。

3.1.1.3 出厂、历史数据

进行设备情况调查，掌握设备出厂安装及运行情况，查阅出厂试验报告及历史试验数据记录。

3.1.2 成立工作班组

在实训中可根据实际情况成立若干个工作班，工作班的成员按以下进行配置：

（1）工作负责人。由理论知识较全面、熟悉作业流程的人员担任。

（2）安全员。由安全意识强的人员担任，分组人数多可设 2 名安全员，工作负责人也可兼任。

（3）操作人员。组内其余人员担任操作员。

组内各岗位轮换执行。

3.1.3 准备设备器具

所用设备器具主要有：

（1）安全器具：安全帽、安全带、标志牌。

（2）常用工具：螺丝刀、扳手。

（3）测试设备：介损测试仪。

3.1.4 安全工作要求

在试验中的危险点如下：试验前后未对设备充分放电，设备存在残余电荷；试验过程中施加高电压，安全距离不够；监护不到位，操作人员违规操作；未办理场地许可手续，升压通电时其他班组仍有人在设备上工作；操作人员未断开电源插座即触碰试验接线；工作现场未悬挂标示牌，导致其他工作人员触碰正在加压的设备；互感器一次尾端接地不良，运行中产生悬浮电位，对地放电；造成触电危险。

针对可能的危险，可采取以下预防措施：试验前后按照放电流程对被试设备进行接地放电，并使用专用的放电棒放电；相互协调，各工作组互不干扰；升压前及升压过程派专人监护并呼唱；所有人员撤离到安全地方后，再开始试验；装设试验围栏，向外悬挂"止步，高压危险"标示牌。

3.1.5 执行任务

1. 班前会

召开班前会，检查员工的穿着及精神状态；宣读工作票，并交代安全措施及危险点；进行工作分工。

2. 布置安全措施

工作组组长带领组员一起布置、核实、确认安全措施落实可靠，满足工作要求，交代清楚安全事项，并确保每一位组员清楚安全事项。

3. 作业前检查

检查工器具、仪器、材料，确认其状态良好，特别是符合安全工作要求。

4. 进行试验接线

进行被试绕组放电，短接电压互感器一次绕组；拆开二次端子连接线，拆前必须做好记录，恢复接线后认真检查核对。试验接线如图 3.1 所示。

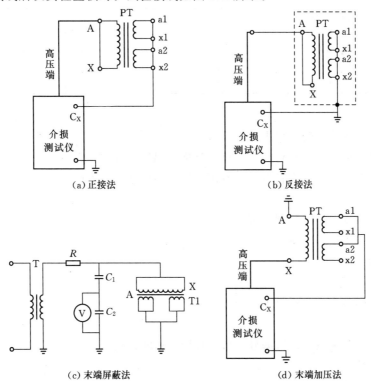

图 3.1　试验接线图

5. 测试过程

（1）合上测试仪的高压电源开关，按下试验启动按钮开始测量；读取数据后，切断高压电源及仪器电源开关。

（2）拉开电源的闸刀开关后在仪器的高压端挂上地线，改换接线或拆除试验接线。

（3）恢复接线。恢复二次接线时应认真检查核对。

（4）每次测量结束，均应对试品充分放电。

3.1.6　结束任务

3.1.6.1　小组总结会

结束后，由工作班组的负责人召集本班组所有工作人员对本次任务在操作过程中的优缺点进行总结。

各小组之间互相交流、评价。

教师评价。

3.1.6.2　编制报告

按照要求，测量电压互感器介质损失角正切所得数值应不大于表 3.1 中的数值，或不应大于厂家提供的数值，且与历年数值比较不应有显著变化；根据比对，给设备下结论。

表 3.1　　　　　　　　　　　电压互感器 tanδ 限值

温度/℃		5	10	20	30	40
35kV 及以下	大修后/%	1.5	2.5	3.0	5.0	7.0
	运行中/%	2.0	2.5	3.5	5.5	8.0
35kV 以上	大修后/%	1.0	1.5	2.0	3.5	5.0
	运行中/%	1.5	2.0	2.5	4.0	5.5

1. 试验记录编写标准

试验记录的内容应包括以下几个部分：

（1）设备安装地点、运行编号、试验日期、温度、湿度、天气。

（2）设备铭牌（包括设备型号、额定电压、出厂序号、生产厂家、出厂日期等必要的参数值）。

（3）试验数据及简单数据处理。

（4）试验仪器名称、编号。

（5）试验人员。

2. 试验报告的编写

试验报告的内容应包括以下几个部分：

（1）标题。

（2）设备安装地点、运行编号、试验日期、温度、湿度、天气。

（3）试验性质。

（4）试验目的。

（5）试验依据。

（6）设备铭牌（包括设备型号、额定电压、生产厂家、出厂日期、出厂序号等必要的参数值）。

（7）试验内容（体现试验方法和接线图）。

（8）试验数据及数据处理（如需换算的应进行换算）。

（9）结论（包括判断的标准）。

（10）使用仪器的名称、编号。

（11）试验单位、试验人员签名（盖章）。

3.1.7 知识链接

3.1.7.1 电压互感器

1. 电压互感器的作用

电压互感器是将高电压变换成标准的低电压（通常为 100V）。其绝缘形式为：10kV 及以下的一般为干式，15～35kV 电压等级的电压互感器一般为油浸全绝缘式。

2. 电压互感器的分类

电压互感器按工作原理可分为电磁式（电磁感应原理）和电容式（电容分压原理）两种。

电压互感器按其绝缘结构又可分为干式、塑料浇注式、油浸式、绝缘子式等。近年来，塑料浇注式电压互感器得到了广泛的应用，油浸式电压互感器也从开启式改为密闭式，大大降低了故障发生的几率。

（1）塑料浇注式电压互感器。分为半浇注式和全浇注式两种。半浇注式先是浇注后装上铁芯；全浇注式是铁芯和绕组装好了以后再一起浇注。绕组采用的是高强漆包线，绕组间绝缘和层间绝缘一般采用电缆纸或复合绝缘纸，相间绝缘采用环氧树脂筒，对地绝缘是环氧树脂（图 3.2）。

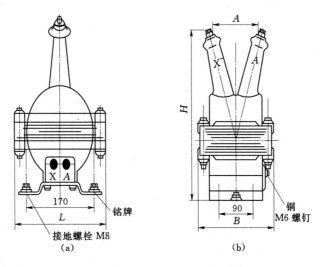

图 3.2 塑料浇注式电压互感器

（2）油浸式电压互感器。分为 35kV 及 66kV 以上的电压互感器。35kV 的电压互感器类似小型油浸变压器；66kV 以上电压互感器采用瓷箱式结构（图 3.3）。

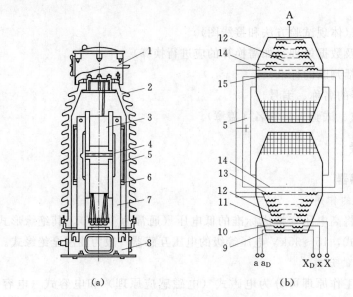

图 3.3　瓷箱式电压互感器

1—储油柜；2—瓷箱；3—上柱绕组；4—隔板；5—铁芯；6—下柱绕组；7—支撑层压板；

8—底座；9—零序电压绕组；10—二次绕组；11、13—静电屏；

12—一次绕组；14—平衡绕组；15—绝缘筒

瓷箱既起到高压出线套管的作用，又起到油箱的作用。一次绕组采用串级式宝塔式结构，如图 3.3（b）所示，它的两个线圈串联，其接点和铁芯连接，在两绕组间和对铁间放隔板绝缘，铁芯和底座绝缘。

（3）电容式电压互感器。电容式电压互感器除了具有电磁式电压互感器的作用之外，还可以代替耦合电容作高频载波用。一般用于 220kV 及以上的电压等级。其接线原理如

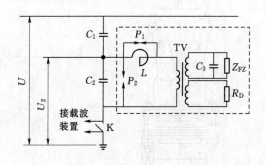

图 3.4　电容式电压互感器接线原理图

U—一次电压；U_2—中间电压；C_1—电容分压器的主电容；

C_2—电容分压器的分压电容；L—补偿电抗器；R_D—阻尼

电阻；P_1—补偿电抗器的保护间隙；P_2—TV 和

C_2 的保护间隙；TV—电磁式电压互感器；

K—接地开关；C_3—提高功率因数用的

补偿电容器；Z_{FZ}—二次回路阻抗

图 3.4 所示。由于电磁式互感器的输入电压是通过电容取得，所以称为电容式电压互感器。

（4）SF_6 气体绝缘电压互感器。这是一种新型的电压互感器，它利用 SF_6 气体作为主绝缘，其绝缘性能稳定，无火灾危害，无油化，不污染环境，且维护方便。

3.1.7.2　介损现象

电介质就是绝缘材料。当研究绝缘物质在电场作用下所发生的物理现象时，把绝缘物质称为电介质；从材料的使用观点出发，在工程上把绝缘物质称为绝缘材料。既然绝缘材料不导电，怎么会

有损失呢？人们确实总希望绝缘材料的绝缘电阻越高越好，即泄漏电流越小越好，但是，世界上没有绝对不导电的物质，任何绝缘材料在电压的作用下，总有一定的电流流过，都会产生能量损耗。把在电压作用下电介质中产生的一切损耗称为介质损耗或介质损失。

如果介质损耗很大，会使电介质温度升高，使材料发生老化，如变脆、分解等，如果介质温度不断上升，甚至会把介质熔化、烧焦，丧失绝缘性能，导致热击穿。因此，电介质损耗的大小是衡量绝缘介质电性能的一项重要指标。

在外加交流电压的作用下，绝缘介质就流过电流，该电流在介质中产生能量损耗，这种损耗也是介质损耗。介质损耗很大时，会使绝缘介质的温度升高而老化，甚至导致热击穿。因此，介质损耗的大小就反映了绝缘介质的优劣状况。

3.1.7.3 西林电桥

绝缘预防性试验中测量 $\tan\delta$，目前普遍应用电桥原理来进行测量，如西林电桥。

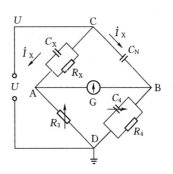

图3.5 西林电桥原理接线图

1. 西林电桥的工作原理

西林电桥的工作原理如图3.5所示，它是出 CA、CB、AD、BD 四个桥臂组成，图中，C_X、R_X 为被测品的电容和电阻；R_3 为无感可调电阻；C_N 为高压标准电容器（50pF）；C_4 为可调电容；R_4 为无感固定电阻（$10000/\pi$）；G 为交流检流计。

当电桥平衡时，检流计中无电流通过，说明 A、B 间无电位差，即 $U_{AD}=U_{BD}$，$U_{CA}=U_{CB}$，电桥平衡时桥臂阻抗关系为：$Z_3/Z_X=Z_4/Z_N$，通过推导可得

$$\tan\delta=1/\omega C_X R_X=\omega C_4 R_4$$

$$C_X\approx R_4 C_N/R_3$$

通常取 $R_4=10000/\pi$，$f=50\mathrm{Hz}$，代入上式可得

$$\tan\delta=1/\omega C_X R_X=\omega C_4 R_4=10^6 C_4=C_4 \quad (\mu F)$$

也就是 C_4 的微法数就是 $\tan\delta$ 的值。

西林电桥的平衡是通过反复调节 R_3 和 C_4，从而改变桥臂电压的大小和相位来实现的。

2. 西林电桥的接线方式

用西林电桥测量 $\tan\delta$ 时常用的接线方式有两种：正接线和反接线。

图3.6（a）为西林电桥正接线，此接法适用于被测品两端对地绝缘（如电容式套管、耦合电容器等），测量时桥体处于低电位，操作安全方便。因不受被测品高压端对地杂散电容的影响，抗干扰性强。但由于现场设备外壳几乎都是固定接地的，故正接线的采用受到了一定的限制。

图3.6（b）为西林电桥反接线，此接法适用于被测品一端接地。测量时桥体处于高电位，试验电压受电桥绝缘水平的限制，被测品高压端对地杂散电容的影响不易消除，抗干扰性差。

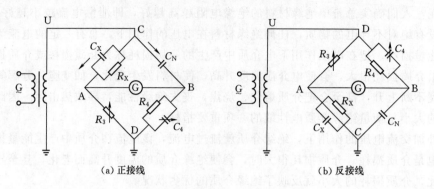

(a) 正接线　　　　　　　　　(b) 反接线

图 3.6　西林电桥接线方式

任务 3.2　电压互感器工频交流耐压试验

【任务导航】

　　主要考核电压互感器的主绝缘强度和检查电压互感器是否存在局部缺陷。电压互感器工频耐压试验是对其绕组连同套管对外壳的耐压试验。对分级绝缘的电压互感器不进行此项试验。

　　电压互感器一次侧工频耐压试验可以单独进行，也可以与相连的一次电气设备（如母线、隔离开关等）一起进行。试验时，二次绕组应短路接地，以免绝缘击穿在电压互感器二次侧产生危险的高电压，危及人身与设备的安全。试验电压应采用相连设备的最低试验电压。二次绕组之间及其对外壳的工频耐压试验电压标准为 2000V，可用 2500V 兆欧表代替。

3.2.1　准备相关技术资料

3.2.1.1　工频交流耐压试验概述

　　交流耐压试验是对电气设备绝缘外加交流试验电压，该试验电压比设备的额定工作电压要高，并持续一定时间（一般为 1min）。交流耐压试验是一种最符合电气设备实际运行条件的试验，是避免发生绝缘事故的一项重要手段。因此，交流耐压试验是各项绝缘试验中具有决定性意义的试验。

　　但是，交流耐压试验也有缺点，由于它加在设备上的试验电压远大于设备额定电压，在试验电压的作用下会对设备的绝缘造成一定的影响，同时还会引起某些设备绝缘内部的累积效应，它是一种破坏性试验。因此，对试验电压值的选择要十分慎重，对于同一设备的新旧程度和不同设备所取的试验电压应有所区别，在我国 Q/CSG 114002—2011《电力设备预防性试验规程》中已作了有关的规定。

3.2.1.2　规程有关条目

　　互感器交流耐压试验，应符合下列规定：

　　（1）应按出厂试验电压的 80% 进行。

（2）电磁式电压互感器（包括电容式电压互感器的电磁单元）在遇到铁芯磁感应强度较高的情况下，宜按规定进行感应耐压试验。

（3）电压等级在 220kV 以上的 SF_6 气体绝缘互感器（特别是电压等级为 500kV 的互感器）宜在安装完毕的情况下进行交流耐压试验。

（4）二次绕组之间及对外壳的工频耐压试验电压标准应为 2kV。

（5）电压等级在 110kV 及以上的电流互感器末屏及电压互感器接地端（N）对地的工频耐压试验电压标准应为 3kV。

（6）工频耐压试验电压标准见表 3.2。

表 3.2　　　　　　　　　　电压互感器工频耐压试验电压标准　　　　　　　　单位：kV

额定电压	3	6	10	15	20	35	60	110	220	330	500
出厂试验电压	18	23	30	40	50	80	140	200	395	510	680
交接及大修	16	21	27	36	45	72	126	180	356	459	612

3.2.1.3　出厂、历史数据

（1）设备情况调查。掌握互感器基本情况。

（2）掌握试验对象出厂试验数据以及以往试验数据。

3.2.2　成立工作班组

在实训中可根据实际情况成立若干个工作班组，工作班组的成员按以下要求进行配置：

（1）工作负责人。由理论知识较全面、熟悉作业流程的人员担任。

（2）安全员。由安全意识强的人员担任，分组人数多可设 2 名安全员，工作负责人也可兼任。

（3）操作人员。组内其余人员担任操作员。

组内各岗位轮换执行。

3.2.3　准备设备器具

此任务所需主要设备器具如下：

（1）安全器具：安全帽、绝缘手套、绝缘垫、标志牌。

（2）工具：扳手、螺丝刀、平口钳。

（3）测试设备：调压器、试验变压器、水阻、球隙、千伏表。

工器具、仪器须有能证明合格有效的标签或试验报告；工器具、仪器、材料应进行检查，确认其状态良好。

交流耐压试验的接线，应按被测品的要求（电压、容量）和现有设备条件来决定。通常试验时采用成套设备（包括控制和调压设备）。交流耐压试验的原理接线如图 3.7 所示。

图中接于测量线圈 P_1、P_2 的电压表属于低压测量，可以通过变比换算到高压侧。而接于 C_1、C_2 之间的电压表属于高压测量，现场通常采用这种方法，它可以避免由于容性电流而使被试设备端电压升高带来的影响，提高测量的准确度。

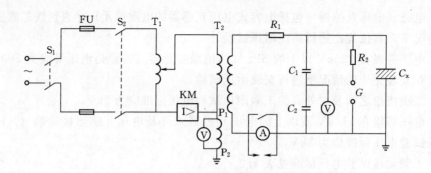

图 3.7　交流耐压试验原理接线图

S_1、S_2—开关；FU—熔断器；T_1—调压器；T_2—试验变压器；KM—过流继电器；

P_1、P_2—测量线圈；R_1—保护电阻；R_2—球隙保护电阻；

G—保护球隙；C_1、C_2—电容分压器；C_x—被试绝缘

我国的试验变压器有各种电压等级，各单位在购置试验变压器时应对本单位的电气设备在实验电压下的充电电流进行计算，根据充电电流小于试验变压器的额定输出电流的原则来选择试验变压器的容量。而充电电流可以用被试物的电容量 C_x 来估算（$I_充 = U\omega C_x$，U 为试验电压），C_x 可用西林电桥来测定。

工频电压试验变压器是用来产生各种高电压或大电流的基本设备，它是绝缘试验中不可缺少的重要设备。

工频试验变压器在原理上与一般的电力变压器相同。但是，由于它输出的电压很高，高低压绕组的变压比要比电力变压器大得多。这不仅要求工频试验变压器高压绕组的匝数大为增加，更重要的是，其高压对地及高压对低压绕组之间的绝缘上承受的电压要比电力变压器高得多。试验变压器的这一特点给试验变压器的设计和制造带来不少的困难，也是决定试验变压器结构的主要因素。

试验变压器都是做成单相的，大多采用油浸式。按其外壳材料的不同，油浸式试验变压器可以分为金属壳和绝缘壳两类。金属壳又可分为单套管和双套管两种。

图 3.8 所示为单套管金属外壳试验变压器，其高压绕组一端 A 经绝缘套管引出，另一端 X 与铁芯及外壳相连，但是为了测量上的方便，常把此端不直接与铁芯及外壳相连，而是经一个小套管引出外面来再与外壳一起接地。单套管试验变压器结构简单，制造方便，但在绝缘的利用上很不合理，高压绕组从 A 到 X 的绝缘都按最高输出电压决定，实际上高压绕组各部分的电位是不相同的（A 点最高，X 最低），因此，这种结构材料用得多，外形尺寸大。

图 3.9 所示为双套管金属外壳试验变压器。这种试验变压器绕组的中间点与铁芯及外壳相连，而外壳与地绝缘（用绝缘子支撑），高压绕组的一端 A 经一个套管引出，另一端 X 接地（接地端）与低压绕组均另一套管引出。这样外壳和铁芯及两个套管都承受 $U/2$ 的电位（U 为最高输出电压）。由于变压器内部电位差已降为输出电压的一半，绝缘利用率比较合理，因此尺寸较小、重量较轻。这种双套管试验变压器是目前较高电压等级试验变压器的基本型式。

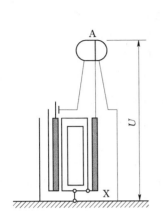

图 3.8 单套管金属外壳试验变压器

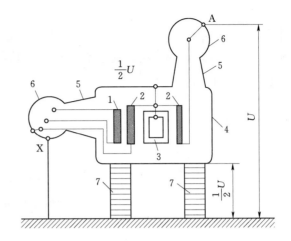

图 3.9 双套管金属外壳试验变压器
1—低压绕组；2—高压绕组；3—铁芯；4—外壳；
5—瓷套管；6—屏蔽电极；7—瓷支柱

3.2.4 安全工作要求

在试验中的危险点及采取的预防措施如下：

（1）试验前后未对设备充分放电，设备存在残余电荷；试验过程中施加高电压，监护不到位，其他班组仍有人在设备上工作；加压过程中监护不到位、操作人员未断开电源插座即触碰试验接线或其他工作人员触碰正在加压的设备。以上原因会造成触电危险。

预防措施：试验前后按照放电流程对被试设备进行接地放电，并使用专用的放电棒放电；相互协调，确保安全措施布置完毕，所有人员撤离到安全地方后，试验区内无其他人员再开始试验；装设围栏，悬挂标示牌；试验加高压时要高声呼唱，并有人监护；按照要求系好安全带，戴好安全帽，戴好绝缘手套，正确使用绝缘垫。

（2）试验变、调压台体积大、重量重，搬运过程会造成碰伤、压砸的风险。

预防措施：多人合作搬运沉重的试验仪器时要轻拿轻放，避免用力过猛。工作人员不得在作业点下方停留。

3.2.5 执行任务

3.2.5.1 布置安全措施

工作负责人核实确认安全措施完全可靠，满足工作要求；并注明双方需交代清楚的事项。认真履行工作许可手续，严格执行有关规章制度。

3.2.5.2 召开班前会

检查作业人员的穿着是否符合安全规定；安全帽、工作服、工作鞋是否进行使用前检验，安全用具是否合格；每一位作业人员是否熟悉安全措施，清楚危险点，是否了解作业内容，是否明确分工，职责。

3.2.5.3 进行试验接线

（1）进行被试绕组的充分放电。

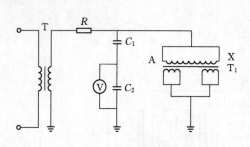

图 3.10　试验接线图

T—试验变压器；C_1、C_2—电容分压器；T_1—被试
互感器；R—保护电阻；V—峰值电压表

（2）进行试验接线。将一次绕组首尾短接加压，二次绕组短接并与外壳连接后接地，如图 3.10 所示。

（3）开始升压，升压要匀速，前 75% 可以稍快，升压至耐压试验电压值并保持 1min。

（4）观察有无放电现象。

（5）降压至零，降压较迅速，断开试验电源。

（6）每次测量结束，均应对试品充分放电。用放电杆进行放电，挂接地线，拆试验接线。

（7）耐压后测量绝缘电阻。

3.2.5.4　工频耐压试验注意事项

（1）试验电源必须有明显断开点的刀闸。

（2）试验过程中必须监护操作。

（3）试验中应严格执行规程中所规定的试验电压大小。

（4）在升压过程中发生异常，应立即降压，断开电源，停止试验，并查明原因。

（5）被测品为有机绝缘材料时，试验后应立即触摸，如出现普遍或局部发热，则认为绝缘不良，应处理后再进行试验。

（6）在试验过程中要排除温度、湿度或表面脏污的影响。

（7）升压须从零电压开始，不可冲击合闸。75% 试验电压前可快速匀速升压，其后以每秒 2% 的试验电压升压。

（8）耐压试验前后应测被测品的绝缘电阻，试验后的绝缘电阻不应低于试验前的 30%。

3.2.6　结束任务

3.2.6.1　小组总结会

工作结束后，由工作班组的负责人召集本班组所有工作人员对本次任务在操作过程中的优缺点进行总结。

各小组之间互相交流、评价。

教师评价。

3.2.6.2　编制报告

分析工频耐压试验中，被测设备在试验电压下未被击穿，则认真为试验合格，否则判定被测设备不合格。

3.2.7　知识链接

前面介绍过工频交流耐压试验是一种破坏性试验，它对设备的绝缘会产生一定的影响，所以对试验电压值的选择要慎重，对试验电压的测量也有不同的方法：

（1）采用测量试验变压器低压侧电压然后换算出高压侧试验电压的方法。其测量接线

如图 3.11 所示，高压侧电压可以通过低压侧电压 U_1 乘以变压器的变比 K 提到，即

$$U = KU_1$$

式中　U_1——试验变压器电压表测得的电压；

　　　U——换算出的试验变压器高压侧的电压；

　　　K——升压变压器的变比。

　　此法适用于电容量较小的被测品，如绝缘纸、开关设备等。而对容量较大的被测品（如变压器、电容器、电缆等），由于容性负载会使变压器高压侧实际输出的电压比计算值高出很多，故不宜采用。

　　（2）利用电压互感器测量试验变压器高压侧电压的方法。其接线如图 3.12 所示。电压互感器 TV 一次侧与被试品并联，利用电压互感器将高电压变换成低电压，并利用准确度等级较高的电压表测量出，然后根据电压互感器的变比换算出高压侧的试验电压值。这种方法简单准确，但要求有相应测量电压等级的电压互感器。

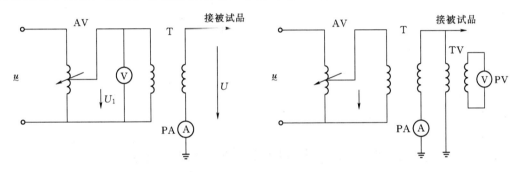

图 3.11　在试验变压器低压侧测量电压的接线图
PA—毫安表；AV—调压器

图 3.12　利用电压互感器测量试验变压器
高压侧电压的接线图
PA—毫安表；AV—调压器

　　（3）利用静电电压表直接测量试验变压器高压侧电压的方法。其接线如图 3.13 所示，静电电压表 PV 与被试品并联，直接测量被试品上的交流试验高电压的有效值。目前，国产静电电压表测量范围最高可达 300kV，且测量结果准确。

　　（4）利用标准球隙测量交流试验高电压的方法。其接线图如图 3.14 所示，标准球隙直接与被试品并联，调整球隙距离，使其放电，此时根据放电球隙距离和气象条件，通过

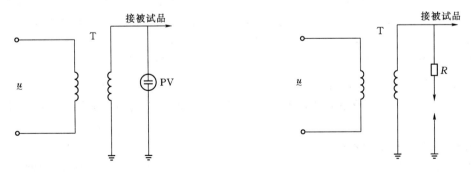

图 3.13　用静电电压表测量交流试验高电压接线图

图 3.14　利用标准球隙测量交流试验高电压接线图

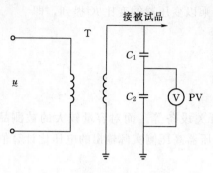

图 3.15 利用电容分压器测量交流试验
高电压接线图

换算查表，可得出相应的交流试验高电压的幅值或有效值。其测量误差在 3％的范围内。球隙测的是交流电压的峰值，如果所测的电压是正弦波，峰值除以 $\sqrt{2}$ 即为有效值。此方法直接测量电压幅值，在一定范围内准确度较高，测量范围广。但每次测量必须放电，测量时间长，受很多因素的影响，因此该方法往往局限于在实验室中使用。

（5）利用电容分压器测量交流试验高电压的方法。其接线图如图 3.15 所示，电容分压器由高压小电容 C_1 和分压电容 C_2 串联构成，由于串联电容的电压与电容量成反比，即 $U_1/U_2 = C_2/C_1$，利用静电电压表或高阻值电压表测出 C_2 两端的电压 U_2，通过换算就可求出被测电压 U，即

$$\frac{C_1+C_2}{C_1}U_2 = KU_2$$

$$K = \frac{C_1+C_2}{C_1}$$

式中　K——电容分压比。

任务 3.3　测量电压互感器直流电阻

【任务导航】

电压互感器进行直流电阻试验的目的是检查电压互感器绕组回路是否有短路、开路或者接错线，检查绕组导线焊接点有无接触不良。另外，还可以核对绕组所用的导线是否符合设计要求。

3.3.1　准备相关技术资料

3.3.1.1　相关知识

测量电压互感器的直流电阻一般只测量一次绕组的直流电阻，因为它的导线较细，发生断线与接触不良的机会较二次绕组多。测量时可用单臂电桥或采用直流电阻测试仪来进行测量，测量结果与制造厂或以前的测量数据比较应无明显差别。

3.3.1.2　规程有关条目

电压互感器一次绕组直流电阻测量值，与换算到同一温度下的出厂值比较，相差不宜大于 10％。二次绕组直流电阻测量值，与换算到同一温度下的出厂值比较，相差不宜大于 15％。

3.3.1.3　出厂、历史数据

查阅出厂试验数据，并查阅有关资料，对所求参数要有所了解。查阅历史数据，初步衡量对象设备历史状态。

3.3.2 成立工作班组

在实训中可根据实际情况成立若干个工作班，工作班的成员按以下要求进行配置：

（1）工作负责人。由理论知识较全面、熟悉作业流程的人员担任。

（2）安全员。由安全意识强的人员担任，分组人数多可设2名安全员，工作负责人也可兼任。

（3）操作人员。组内其余人员担任操作员。

组内各岗位轮换执行。

3.3.3 准备设备器具

此任务所需主要设备器具：

（1）安全用具：安全帽、安全带。

（2）工具：螺丝刀、平口钳、扳手。

（3）测试设备：直流电阻测试仪、万用表。

3.3.4 安全工作要求

在工作中应注意的危险点及采取的预防措施如下：

（1）高空坠落。在断路器上进行拆、接试验线工作时，存在跌落受伤的风险；在高处作业或移动时使用双挂点安全带；登高作业的工作人员未系好安全带及做好防坠落措施不慎滑落；使用的移动梯长度不足，与地面的夹角过大。

预防措施：按照要求系好安全带，戴好安全帽；登高作业穿工作鞋；使用足够长度的移动梯，梯子与地面的夹角为60°左右，梯子应有人扶持，工作人员不能站在梯子端部开展工作。

（2）登高作业未将工器具绑扎牢固；过程中出现工具滑落，存在砸伤作业点下方工作人员的风险。

预防措施：登高作业人员将携带的工具放在工具包中，工器具使用白布带绑扎牢固，工作人员不得在作业点下方停留，正确佩戴安全帽。

（3）触电危险。加压时，通知、监护不到位；未断开电源插座即触碰试验接线和设备；高压试验后设备存在残余电荷；仪器未接地。

预防措施：核对现场设备铭牌和编号，并确认设备已停电并接地；相互协调，所有人员撤离到安全地方后，再开始试验；升压前及升压中派专人监护并呼唱；设置专人监护，拉开电源后才能够进行换接线工作；按照放电流程执行，使用专用的放电棒进行充分放电；工器具及仪器的金属外壳应良好接地。由于是高压试验，有可能有感应电造成触电伤害。加强感应电防护工作，根据现场接地线装设地点的情况，在进行作业时安装个人保安接地线。

（4）接错电源。如在接取试验电源时220 V、380 V没有分清，实际电压与设备要求输入电压不一致，造成设备仪器损坏。

预防措施：使用仪器标明的电源电压，并使用万用表判别合适的电源。

3.3.5 执行任务

3.3.5.1 布置安全措施

工作负责人核实确认安全措施完全可靠，满足工作要求；并注明双方需交代清楚的事项。认真履行工作许可手续，严格执行有关规章制度。

3.3.5.2 召开班前会

检查作业人员的穿着是否符合安全规定；安全帽、工作服、工作鞋是否进行使用前检验，安全用具是否合格；每一位作业人员是否熟悉安全措施，清楚危险点，是否了解作业内容，是否明确分工，职责。

3.3.5.3 进行试验接线

（1）进行被试绕组放电。

（2）进行试验接线，将仪器的两对测量引线分别夹在被测量绕组的两端。

（3）选择适当的测量电流和电阻量程范围后，启动仪器开始测量。

（4）记录数据，因为电感大，应待仪器显示的数据稳定后方可读取数据。测量结束后应待仪器充分放电后方可断开测量回路。

（5）仪器放电结束后，切断仪器电源，改换接线。

（6）重复上述过程完成其他被测绕组直流电阻的测量。

3.3.5.4 直流电阻测量注意事项

（1）在测量一次绕组的直流电阻时，二次绕组应短路接地。

（2）不同的测试仪试验步骤有所区别，测试中根据所使用的测试仪进行测试。

3.3.6 结束任务

3.3.6.1 小组总结会

工作结束后，由工作班组的负责人召集本班组所有工作人员对本次任务在操作过程中的优缺点进行总结。

各小组之间互相交流、评价。

教师评价。

3.3.6.2 编制报告

按规程要求，测量数据与制造厂或以前测得的数据比较，应无明显差别。

试验报告的编写方法可参考任务 3.1。

任务 3.4　检查电流互感器极性

【任务导航】

极性检查是为了验证电流互感器的极性是否正确，如果极性错误，会使计量仪表指示错误，更为严重的是使带有方向性的继电保护误动作。检查电流互感器的极性在交接和大修时都要进行。

3.4.1 准备相关技术资料

3.4.1.1 互感器的极性

跟变压器相同,当某一绕组中有磁通变化时,绕组中就会产生感应电动势,感应电动势为正的一端称为正极性端,感应电动势为负的一端为负极性端。如果磁通方向改变,则感应电动势的方向和端子的极性也随之改变。因此,在交流电路中,正极性和负极性是相对而言的。

实际上,绕组在铁芯上的绕向有左绕向和右绕向两种,在同一铁芯上的两绕组有同一磁通通过,绕向相同则感应电动势方向相同,反之,感应电动势方向相反。所以,互感器一、二次绕组的绕向和端子的标号一经确定,就要用"加极性"和"减极性"来表示一、二次侧感应电动势的相位关系。如果把一、二次绕组的 X、x 连接,U_{An} 等于 U_A 和 U_x 两电压之差,则为减极性;U_{An} 等于 U_A 和 U_x 两电压之和,则为加极性。

3.4.1.2 规程有关条目

检查互感器的接线和极性,必须符合设计要求,并应与铭牌和标志相符。

3.4.1.3 出厂、历史数据

(1)设备情况调查。掌握互感器基本情况,了解试验相关的规程和标准。

(2)掌握试验对象出厂试验数据以及以往试验数据。

3.4.2 成立工作班组

在实训中可根据实际情况成立若干个工作班组,工作班组的成员按以下要求进行配置:

(1)工作负责人。由理论知识较全面、熟悉作业流程的人员担任。

(2)安全员。由安全意识强的人员担任,分组人数多可设 2 名安全员,工作负责人也可兼任。

(3)操作人员。组内其余人员担任操作员。

组内各岗位轮换执行。

3.4.3 准备设备器具

此任务所需主要设备如下:

(1)安全器具:安全帽、安全带。

(2)工具:螺丝刀、扳手、平口钳。

(3)测试设备:极性测试仪、干电池、毫伏表。

3.4.4 安全工作要求

在试验中的危险点及对危险点所采取的安全措施如下:

(1)拆除一次引线时,作业人员在梯子或站设备构架上工作时,有坠落的危险。

预防措施:高处作业人员正确佩戴安全帽;梯子上工作时须有人扶持;工作人员穿防

滑劳保鞋；使用刀闸防护架挂扣安全带。

（2）拆除一次引线时工器具脱落，砸伤地面工作人员。

预防措施：接规定地面工作人员不得在作业点正下方停留；作业人员将携带的工具放在工具包中，工器具不得上下抛掷，传递时用吊物绳绑牢固；所有现场工作人员正确佩戴安全帽。

3.4.5 执行任务

3.4.5.1 布置安全措施

工作负责人核实确认安全措施完全可靠，满足工作要求；并注明双方需交代清楚的事项。认真履行工作许可手续，严格执行有关规章制度。

3.4.5.2 召开班前会

检查作业人员的穿着是否符合安全规定；安全帽、工作服、工作鞋是否进行使用前检验，安全用具是否合格；每一位作业人员是否熟悉安全措施，清楚危险点，是否了解作业内容，是否明确分工，职责。

3.4.5.3 进行试验接线

按图3.16进行试验接线。在接线前要对被试绕组进行放电；拆开一、二次端子连接线，拆前必须做好记录，恢复接线后认真检查核对。

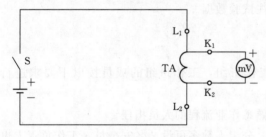

图3.16 电流互感器极性检查接线图

3.4.5.4 试验过程

（1）当开关 S 瞬间合上时，毫伏表的指示为正，指针右摆，然后回零，则 L_1 和 K_1 同极性。按照此方法完成其他绕组极性的判断。

（2）拆除试验接线，恢复原来接线。

恢复原来一、二次接线时应认真检查核对。

3.4.6 结束任务

3.4.6.1 小组总结会

工作结束后，由工作班组的负责人召集本班组所有工作人员对本次任务在操作过程中的优缺点进行总结。

各小组之间互相交流、评价。

教师评价。

3.4.6.2 编制报告

通过与被试电流互感器的铭牌进行比对，判断所测得的极性与铭牌上的标识是否一致。

试验报告的编写方法可参考任务3.1。

任务 3.5 互感器的励磁特性试验

【任务导航】

互感器伏安特性试验的目的主要是检查电压互感器的铁芯质量，通过鉴别磁化曲线的饱和程度，并用以判断互感器的二次绕组有无匝间短路，并为继电保护提供数据。

3.5.1 准备相关技术资料

3.5.1.1 励磁特性的定义

互感器的励磁特性（伏安特性）是指互感器一次侧开路、二次侧励磁电流与所加电压的关系曲线，实际上就是铁芯的磁化曲线。

例如，在进行电流互感器励磁特性试验前，电流互感器二次绕组引线和接地线均应拆除。试验时，一次侧开路，从二次侧施加电压，升压时，以电流为基准，读取电压值。通入的电流或电压以不超过制造厂技术条件的规定为准。当电流增大而电压变化不大时，说明铁芯已经饱和，应停止试验，根据试验数据绘制励磁特性曲线。只对继电保护有要求的二次绕组进行电流互感器励磁特性试验。应注意的是，励磁特性试验前后应对电流互感器铁芯进行退磁处理。

3.5.1.2 规程有关条目

（1）对电流互感器：当继电保护对电流互感器的励磁特性有要求时，应进行励磁特性曲线试验。当电流互感器为多抽头时，可在使用抽头或最大抽头测量。测量后核对是否符合产品要求，核对方法可参考相关标准。

（2）电磁式电压互感器的励磁曲线测量，应符合下列要求：

1）用于励磁曲线测量的仪表为方均根值表，若发生测量结果与出厂试验报告和型式实验报告有较大出入（＞30％）时，应核对使用的仪表种类是否正确。

2）一般情况下，励磁曲线测量点为额定电压的 20％、50％、80％、100％和 120％。对于中性点直接接地的电压互感器（N 端接地），电压等级 35kV 及以下的电压互感器最高测量点为 190％；电压等级 66kV 及以上的电压互感器最高测量点为 150％。

3）对于额定电压测量点（100％），励磁电流不宜大于其出厂试验报告和型式试验报告的测量值的 30％，同批次、同型号、同规格电压互感器此点的励磁电流不宜相差 30％。

3.5.1.3 出厂、历史数据

（1）设备情况调查。掌握互感器基本情况，了解交接试验相关的规程和标准。

（2）掌握试验对象出厂试验数据以及以往试验数据。

3.5.2 成立工作班组

在实训中可根据实际情况成立若干个工作班组，工作班组的成员按以下要求进行配置：

（1）工作负责人。由理论知识较全面、熟悉作业流程的人员担任。

（2）安全员。由安全意识强的人员担任，分组人数多可设 2 名安全员，工作负责人也

可兼任。

（3）操作人员。组内其余人员担任操作员。

组内各岗位轮换执行。

3.5.3　准备设备器具

此任务所需主要设备器具：

（1）安全用具：安全帽、安全带。

（2）工具：螺丝刀、平口钳、扳手。

（3）测试设备：互感器综合特性测试仪。

3.5.4　安全工作要求

在试验中的危险点及对危险点所采取的安全措施如下：

（1）触电危险。试验接线时，没对绕组进行充分放电；试验结束后，未放电即取下测试线。

预防措施：试验时两人进行，其中有经验的一人作监护人；工作中执行呼唱制；试验结束后，采用仪器自放电进行充分放电。

（2）高处坠落。在拆除一次引线时，作业人员在梯子或站在设备构架上工作时。

预防措施：高处作业人员正确佩戴安全帽；梯子上工作时须有人扶持；工作人员穿防滑劳保鞋；使用刀闸防护架挂扣安全带。

（3）拆除一次引线时工器具脱落，砸伤地面工作人员。

预防措施：按规定地面工作人员不得在作业点正下方停留；作业人员将携带的工具放在工具包中，工器具不得上下抛掷，传递时用吊物绳绑牢固；所有现场工作人员正确佩戴安全帽。

（4）接错电源，损坏测试仪。

预防措施：查看仪器极限参数或仪器上标明的电源电压；接电源前使用万用表测量电源电压，确保接入正确；接试验电源时，两人进行，相互监督。

3.5.5　执行任务

3.5.5.1　布置安全措施

工作负责人核实确认安全措施完全可靠，满足工作要求；并注明双方需交代清楚的事项。认真履行工作许可手续，严格执行有关规章制度。

3.5.5.2　召开班前会

检查作业人员的穿着是否符合安全规定；安全帽、工作服、工作鞋是否进行使用前检验，安全用具是否合格；每一位作业人员是否熟悉安全措施，清楚危险点，是否了解作业内容，是否明确分工、职责。

3.5.5.3　进行试验接线

（1）拆除一、二次绕组所有引线。

（2）试验前消磁。

（3）按图 3.17 进行接线。

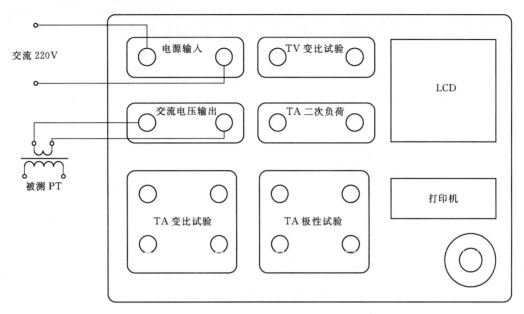

图 3.17 互感器综合特性测试仪接线图

3.5.5.4 开始测试

（1）根据试验接线图确认接线无误后，接通主回路输出控制开关。

（2）在主菜单界面，选定"电压互感器试验"，进入电压互感器试验项目选择菜单。

（3）选定"伏安特性试验"，进入电压互感器伏安特性试验设置界面。设置好升压器类型、最大输出电压、最大输出电流、电压互感器退磁次数、升压速度调节等参数，选定"开始试验"，再选定"确定"。

（4）试验结束后，屏幕显示出电压互感器伏安特性测试曲线。

重复以上的试验步骤，对其余绕组进行测试。

3.5.5.5 注意事项

（1）如果 TA 的二次线已经接好，应将二次侧接地线拆除，以免造成短路。

（2）升压过程中应由小到大均匀地升压，中途不得降压后再升压，以免磁滞影响。

（3）如果 TA 有两个以上二次绕组，非被测绕组均应开路；若两个绕组不在同一铁芯上，则非被测绕组应短路或接电流表。

（4）励磁特性试验前后应对电流互感器铁芯进行退磁处理。

3.5.6 结束任务

3.5.6.1 小组总结会

工作结束后，由工作班组的负责人召集本班组所有工作人员对本次任务在操作过程中的优缺点进行总结。

各小组之间互相交流、评价。

教师评价。

3.5.6.2　编制报告

按照规程要求，所得伏安特性曲线（图 3.18）应与出厂数据进行对比、与自身的历史数据比较、与同类型 TA 励磁特性曲线进行比较，应无明显差异。

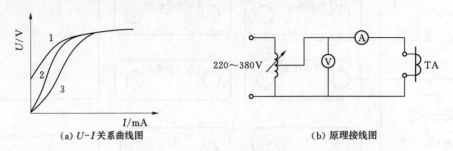

(a) *U-I* 关系曲线图　　　　　　　　(b) 原理接线图

图 3.18　测 TA 励磁特性
1—正常；2—短路 1 匝；3—短路 2 匝

根据规程规定，电流互感器只对继电保护有特性要求时才进行该试验，但在调试工作中，当对测量用的电流互感器发生怀疑时，也可测量该电流互感器的励磁特性，以供分析。做此试验可以发现互感器二次绕组有无匝间短路，还可以计算 10% 误差曲线。试验报告的编写方法可参考任务 3.1。

习　题

1. 极性检查的意义是什么？
2. 什么是电流互感器的极性？
3. 如何进行电流互感器极性的检查？
4. 电流互感器铁芯剩磁产生的原因是什么？
5. 电流互感器铁芯退磁的电流大小如何选取？
6. 电压互感器二次侧为什么不允许短路？
7. 电压互感器二次侧为什么必须接地？
8. 电流互感器二次侧为什么不允许开路？
9. 电流互感器二次侧为什么一定要一点接地？

项目 4　断 路 器 试 验

【学习目标】

1. 能力目标要求

（1）能用原理图正确接线。

（2）能用绝缘电阻表检测绝缘。

（3）能测量回路电阻。

（4）能检查动态特性。

（5）能编写试验报告；分析结果。

2. 知识目标要求

（1）断路器绝缘结构及原理。

（2）回路电阻仪使用方法。

（3）动态测试仪使用方法。

（4）断路器操作机构原理。

【项目导航】

（1）导电回路直流电阻测量。

（2）分合闸时间与同期性测定。

任务 4.1　测量导电回路直流电阻

【任务导航】

　　对各种形式的断路器都要测量每相导电回路的电阻，包括套管导电杆电阻，导电杆与静触头连接处的电阻，动、静触头之间的接触电阻。实际上断路器导电回路电阻的测量就是测量接触电阻是否合格。

　　断路器在运行中接触电阻增大，将会使触头发热。尤其是切断短路电流时，可能会因此而烧坏周围绝缘和使触头烧熔，甚至会造成断路器拒绝动作的严重后果。因此，断路器在交接、大、小修后都要进行导电回路直流电阻的测量。导电回路电阻是检验断路器安装、检修质量的重要手段。

4.1.1　准备相关技术资料

4.1.1.1　断路器相关知识

1. 高压断路器的用途

　　高压断路器是电力系统最重要的控制与保护设备。控制作用就是根据电网运行需要，用它来安全可靠地投入或退出相应的线路或电气设备；保护作用就是在线路或电气设备发生故障时，将故障部分从电网中快速切除，保证电网无故障部分正常运行。对于高压输配电线路，要求高压断路器具备自动重合闸的功能，保证电网正常运行。总而言之，要求断路器按照需要能可靠地投切正常的或事故的线路。

2. 高压断路器的分类

用汉语拼音字母来表示型号：D—多油；S—少油；Z—真空；K—压缩空气；L—六氟化硫；C—磁吹；W—户外；N—户内；G—改进型。型号后的数字依次表示：设计序号、额定电压、额定电流与额定开断电流。

此外，还有新发展的 SF_6 全封闭绝缘组合电器，简称 GIS。

3. 各类断路器的主要特点

（1）多油断路器。多油断路器的特点是几乎所有的导电部分都置于铁壳油箱中，用绝缘油作为对地、断口及相间（三相共箱式）的绝缘。电流由套管引入与引出油箱。多油断路器制造、运行经验比较丰富，对气候条件适应性强。因油箱接地，故加装电流互感器与分压器较方便。

由于多油断路器的用油量较多，油量几乎按电压的平方关系增长。电压等级越高，体积越大，检修困难，并有爆炸与火灾的危险，现已逐步被淘汰，目前我国仅保留有少量 $10 \sim 35kV$ 等级的产品。

（2）少油断路器。少油断路器的特点是以绝缘油作为灭弧和断口之间的绝缘，但对地绝缘主要靠固体绝缘，如瓷件、环氧玻璃布棒等。与多油断路器相比较，少油断路器的体积小、重量轻、结构简单、价格便宜。20 世纪 60 年代以来，我国 $10 \sim 220kV$ 各个电压等级普遍采用少油断路器，并积累了丰富的经验，最近 $10 \sim 20$ 年，少油断路器逐渐被真空断路器与 SF_6 断路器取代。

（3）压缩空气断路器。压缩空气断路器的特点是用压缩空气作灭弧与绝缘介质，还用作操作与控制的储能、传动介质。动作快、开断容量大，结构复杂，价格昂贵。在 SF_6 发展的今天，它基本上已经停止了生产。

（4） SF_6 断路器。理论上 SF_6 气体的灭弧能力要比空气高约 100 倍。 SF_6 断路器近年来发展迅速，其结构逐渐完善。由于 SF_6 断路器具有单断口电压高、电气性能稳定、开断电流与累计开断层电流大、检修周期长、维护工作量少、发展速度快等优点，尤其在高压与超高压领域已占主导地位。 SF_6 气体最显著的特点是特异的热化学性与强负电性，具有良好的灭弧性能与绝缘性能。

（5）真空断路器。利用真空作为绝缘与灭弧介质的断路器称为真空断路器，要满足真空灭弧室的绝缘强度，要求的真空度不能低于 $6.6 \times 10^{-2} Pa$。高度真空具有很高的绝缘性能、介质恢复速度快和良好的灭弧性能。真空断路器具有触头开距小，结构简单轻巧，机械与电气寿命长，适用于频繁操作，开断电容电流一般不重燃。但由于制造工艺限制，真空断路器的电压等级较低，目前多用在 $10 \sim 35kV$ 电压等级。

4. 断路器主要组成部分

（1）导电部分。导电部分是电流通过的路径，一般由导电杆、隔离刀、横梁、软连接与触头等组成。触头是导电部分最重要的零件，断路器就是用它来接通或断开电流。

由于断路器在运行中长期通过负荷电流，导电回路要发热，当触头的接触电阻较大时，发热更严重，甚至会烧坏。

（2）灭弧装置。断路器的灭弧装置是断路器的心脏。因为触头只能切断电流，而灭弧装置能将触头在断开电流时产生的电弧予以熄灭。因此，它的好坏在很大程度上决定了断路器的断流能力。

（3）绝缘系统。在断路器中必须保证以下三个方面的绝缘：

1）带电部分和接地部分之间的绝缘，主要有瓷套管、提升杆等。

2）断路器在断开位置时，断口之间的绝缘通常是依靠绝缘油（真空、SF_6）来保证。

3）相间的绝缘，对于三相装在一起的油断路器，主要靠绝缘油、绝缘板来绝缘。

（4）操作机构。操作机构是断路器的重要部分。断路器分、合闸时，它能保证触头系统按一定的方式和一定的速度运动，可靠地接通和断开电路。操作机构有手动式、电磁式和弹簧式等，要求它动作灵活、可靠。

5. 断路器导电回路直流电阻

断路器导电回路电阻的大小取决于断路器的动、静触头之间的接触电阻，它直接影响断路器通过正常电流时是否产生不能允许的发热及通过短路电流时开关的开断性能，导电回路电阻是反映断路器的安装、检修质量的重要标志。

断路器触头的接触电阻由表面电阻和收缩电阻两部分组成。由于两个导体接触时，因其表面非绝对光滑、平坦，只能在其表面的一些点上接触，使导体中的电流线在这些接触处剧烈收缩，实际接触面积大大缩小，而使电阻增加，此原因引起的接触电阻称为收缩电阻。另外，由于各导体接触面因氧化、硫化等各种原因会存在一层薄膜，该膜使接触过渡区域的电阻增大，此原因引起的接触电阻称为表面电阻（或膜电阻）。测量断路器触头的接触电阻时，通过的电流大小不同，测量结果也有差别。如果通过的电流是微弱的电流，难以消除电阻较大的氧化膜，测出的电阻示值偏大，但氧化膜在大电流下很容易被烧坏，不妨碍正常电流的通过。而当触头因调整不当（如触头压力变化）、运行中发生变化或触头烧损严重等使有效接触面积减小时，如果通过的电流是微弱电流，在其接触处不会产生收缩，即无法测出收缩电阻，测出的示值偏小，造成在大电流通过时，使该接触处的电阻增加，引起触头过度发热和加速氧化。对此，各标准均明确规定：测试时采用直流降压法，通入的电流不得小于100A。所以电桥法和直流压降法的测试结果是有差别的，而直流压降法更能反映断路器的实际工作情况。

（1）导电回路电阻测试要求。导电回路电阻的测量应在断路器合闸状态下进行。规程规定，测试断路器导电回路电阻应采用直流压降法进行测量，电流不小于100A。现在成套的导电回路电阻测试仪操作简单、测量精确度高，已广泛应用于各生产现场。不同厂家的导电回路电阻测试仪在使用上有些差别，具体的使用方法可参照厂家提供的说明书来进行。另外，许多单位配套使用了高空接线钳，省去了在测试过程中攀爬断路器的麻烦，现场使用良好。

（2）导电回路电阻测试时的注意事项。

1）测量时电压接线在断口的触头端，电流线接在电压线的外侧，接触应紧密良好。

2）通常在电动合闸数次后进行（一般3次），以消除动、静触头表面氧化的影响。

3）测量值大时应分段测试，以确定不良部位。

4.1.1.2 规程有关条目

（1）对断路器每相导电回路直流电阻的测量结果，应符合制造厂的规定；大修后按 Q/CSG 10007—2011《电力设备预防性试验规程》的规定：敞开式 SF_6 断路器不超过制造厂规定值的 1.2 倍；对 GIS 中的 SF_6 断路器按制造厂的规定。用直流降压法进行测量，电流不小于 100A。油断路器大修后符合厂家规定值；运行中根据实际情况规定（可考虑不大于厂家规定值的 2 倍），用直流压降法测量，电流不小于 100A；真空断路器大修后符合厂家规定；运行中根据实际情况规定，建议不大于 1.2 倍出厂值，用直流降压法，电流不小于 100A。

（2）测量的结果与前次结果比较。如果超过 1 倍以上时，应对触头进行检查；三相之间测量值差别较大时，应引起注意。必须仔细检查进行处理。如果测量结果与厂家的数据相差较大，可将断路器跳合一次，再重新测量；如果偏差仍大，应查明原因进行处理。

4.1.1.3 出厂、历史数据

进行设备情况调查，掌握设备出厂安装及运行情况，查阅出厂试验报告及历史试验数据记录。

4.1.2 成立工作班组

在实训中可根据实际情况成立若干个工作班组，工作班组的成员按以下要求进行配置：

（1）工作负责人。由理论知识较全面、熟悉作业流程的人员担任。

（2）安全员。由安全意识强的人员担任，分组人数多可设 2 名安全员，工作负责人也可兼任。

（3）操作人员。组内其余人员担任操作员。

组内各岗位轮换执行。

4.1.3 准备设备器具

此任务所需主要设备器具：

（1）安全用具：安全帽、绝缘手套、绝缘垫。

（2）工具：螺丝刀、扳手。

（3）测试设备：回路电阻测试仪、万用表。

4.1.4 安全工作要求

在试验中的危险点及对危险点所采取的安全措施如下：

（1）高处坠落。在断路器上进行拆、接试验线工作时出现高处坠落。

预防措施：在高处作业或移动时使用双挂点安全带，按照要求系好安全带，严禁在高处作业失去保护或保护不到位；戴好安全帽。

（2）触电。加压时，通知、监护不到位；未断开电源插座即触碰试验接线和设备；高压试验后设备存在残余电荷；仪器未接地；感应电。

预防措施：核对现场设备铭牌和编号，并确认设备已停电并接地；相互协调，所有人

员撤离到安全地方后，再开始试验；升压前及升压中派专人监护并呼唱；设置专人监护，拉开电源后才能够进行换接线工作；按照放电流程执行，使用专用的放电棒进行充分放电；工器具及仪器的金属外壳应良好接地；加强感应电防护工作，根据现场接地线装设地点的情况，在进行作业时安装个人保安接地线。

（3）接错电源。在接取试验电源时 220V、380V 没有分清，实际电压与设备要求输入电压不一致。

预防措施：使用仪器标明的电源电压；使用万用表选择合适的电源。

4.1.5 执行任务

4.1.5.1 布置安全措施

工作负责人核实确认安全措施完全可靠，满足工作要求；并注明双方需交代清楚的事项。认真履行工作许可手续，严格执行有关规章制度。

4.1.5.2 召开班前会

检查工作班组员的穿着是否符合安全规定；安全帽、工作服、工作鞋是否进行使用前检验，安全用具是否合格；每一位组员是否熟悉安全措施，清楚危险点，是否了解作业内容，是否明确分工，职责。

4.1.5.3 进行试验接线

在接线时要检查断路器应在合闸位置；将断路器置于"就地"位置；接线钳将电流线、电压线分别接到开关两侧的接线板上，接触良好牢靠。回路电阻测试仪的接线如图4.1 所示。

4.1.5.4 试验过程

（1）合上测量仪器电源，选择合适的量程及测量电流（没有特别规定的情况下，测试电流应为直流 100A）。

（2）按下仪器的启动按钮，开始测量。

（3）待仪器显示的数据稳定后，读取测量数据。

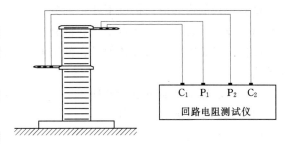

图 4.1 回路电阻测试仪的接线示意图

（4）读完数据后，按下复位【放电】按钮。

重复上述的过程完成其他回路电阻的测量。

4.1.5.5 注意事项

直流电阻测量，按 IEC《高压交流断路器》、GB/T 11022—2011《高压开关设备和控制设备标准的共用技术要求》交流高压电器在长期工作时的发热推荐直流降压法，通入电流不小于 100A，在测量时应注意以下事项：

（1）如果断路器是电动操作合闸的，应在电动合闸数次之后测量导电回路直流电阻；只有允许手动合闸的断路器才能在手动合闸之后进行测量。

（2）测量前应先将断路器跳合几次，以冲破触头表面的氧化膜，使其接触良好，从而使测量结果能反映真实情况。

（3）测量用的导线应尽可能的粗和短，接触应良好，最好用夹子夹在导体上，否则会影响测量结果。电桥的电流、电压的引线接头必须严格分开，电压引线接在断口的触头端，电流引线应接在电压线的外侧。

（4）测量过程中应将短路器的跳闸机构卡死，防止在测量过程中因突然跳闸而损坏表计。

（5）每相至少测量 3 次，取其平均值。如果对测量结果有怀疑，可多测几次。

（6）如果有主、副触头或多个并联支路，应对并联的每一对触头分别进行测量。测量时，非被测量触头间应垫以薄物绝缘。

试验结果异常增大时，应先检查装置与接线的正确性，然后在断路器动作数次后复试。若测量值仍很大，则应分段测试，以确定接触不良的部位。

4.1.6　结束任务

4.1.6.1　小组总结会

工作结束后，由工作班组的负责人召集本班组所有工作人员对本次任务在操作过程中的优缺点进行总结。

各小组之间互相交流、评价。

教师评价。

4.1.6.2　编制报告

1. 试验记录编写标准

试验记录的内容应包括以下几个部分：

（1）设备安装地点、运行编号、试验日期、温度、湿度、天气。

（2）设备铭牌（包括设备型号、额定电压、出厂序号、生产厂家、出厂日期等必要的参数值）。

（3）试验数据及简单数据处理。

（4）试验仪器名称、编号。

（5）试验人员。

2. 试验报告的编写

试验报告的内容应包括以下几个部分：

（1）标题。

（2）设备安装地点、运行编号、试验日期、温度、湿度、天气。

（3）试验性质。

（4）试验目的。

（5）试验依据。

（6）设备铭牌（包括设备型号、额定电压、生产厂家、出厂日期、出厂序号等必要的参数值）。

（7）试验内容（体现试验方法和接线图）。

（8）试验数据及数据处理（如需换算的应进行换算）。

（9）结论（包括判断的标准）。

（10）使用仪器的名称、编号。

（11）试验单位、试验人员签名（盖章）。

任务4.2 测定分、合闸时间与同期性

【任务导航】

断路器分、合闸时间及同期性是断路器的重要参数之一。动作的时间长短关系到分合故障电流的性能；如果分合闸严重不同期，将造成线路或变压器的非全相接入或切断，从而可能会出现危害绝缘的过电压，对触头也会带来很大的损伤。因此在交接或大修时，必须对断路器的三相同期性进行测量。

4.2.1 准备相关技术资料

4.2.1.1 断路器机械特性

断路器机械特性试验包括分、合闸时间和同期性、分、合闸速度及分、合闸动作电压的测试。断路器的分、合闸时间，分、合闸速度，分、合闸不同期程度，以及分、合闸线圈的动作电压，直接影响断路器的关合和开断性能。断路器只有适当的分、合闸速度，才能充分发挥其开断电流的能力，减小合闸过程中预击穿造成的触头电磨损及避免发生触头烧损、喷油，甚至发生爆炸。而刚合速度的降低，若合闸于短路故障时，由于阻碍触头关合电动力的作用，将引起触头振动或使其处在停滞状态，同样容易引起爆炸，特别是在自动重合闸不成功情况下更是如此。反之，速度过快，将使运动机构受到过度的机械应力，造成个别部件损坏或使用寿命缩短。同时，由于强烈的机械冲击和振动，还将使触头弹跳时间加长。真空和 SF_6 断路器的情况相似。

断路器分、合闸严重不同期，将造成线路或变压器的非全相接入或切断，从而出现危害绝缘的过电压。

断路器机械特性的某些方面是用触头动作时间和运动速度作为特征参数来表示的，机械特性试验中，一般配最主要的是刚分速度、刚合速度、最大分闸速度、分闸时间、合闸时间、合—分闸时间、分—合闸时间以及分、合闸操作同期性等。在断路器的现场试验中，一般应进行分闸时间、合闸时间以及分、合闸操作同期性的测量，对于具有重合闸操作的断路器，还需测量分—合闸时间和合—分闸时间。

1. 分、合闸时间和同期性测定

（1）定义。

1）分闸时间。是指断路器分闸操作的起始瞬间（接到分闸指令瞬间）起到所有的触头分离瞬间为止的时间间隔。断路器的分闸时间必须在规定的时间范围内。分闸时间太短，则系统短路时直流分量过大，可能会引起分闸困难；分闸时间太长，则影响系统的稳定性。

2）合闸时间。是指处在分位置的断路器，从合闸操作的起始瞬间（接到合闸指令瞬间）起到所有触头都接触瞬间为止的时间间隔。断路器应具有很短的合闸时间，减少合闸

时的电弧能量，防止电弧使触头熔焊。

3）分—合闸时间。分—合闸时间是断路器在自动重合闸时，从所有极触头分离瞬间起至首先接触极接触瞬间为止的时间间隔。

4）合—分闸时间。合—分闸时间是断路器在不成功重合闸的合分过程中或单独合分操作时，从首先接触极的触头接触瞬间起到随后的分闸操作时所有极触头均分离瞬间为止的时间间隔。

5）分、合闸操作同期性。分、合闸操作同期性是指断路器在分闸和合闸操作时，三相分段和接触瞬间的时间差，以及同相各灭弧单元触头分段和接触瞬间的时间差，前者称为相间同期性，后者称为同相各断口间同期性。

（2）测试意义。分、合闸时间及同期性是断路器的重要参数之一。动作时间的长短关系到分合故障电流的性能；如果分、合闸严重不同期，将会造成线路或变压器的非全相接入或切断，从而可能会出现危害绝缘的过电压。

（3）测试方法。时间特性应在额定操作电压（气压或液压）下进行，测试断路器的时间及同期性的方法很多，现在普遍使用成套的开关综合测试仪，不但使用方便，而且测量数据准确。

（4）判断依据。

1）合、分指示正确；辅助开关动作正确；合、分闸时间，合、分闸不同期满足技术文件要求且没有明显变化。

2）除制造厂另有规定外，断路器的分、合闸同期性应满足下列要求：相间合闸不同期时间不大于 5ms，相间分闸不同期时间不大于 3ms；同相各断口间合闸不同期时间不大于 3ms，同相各断口间分闸不同期时间不大于 2ms。

2. 分合闸速度测定

（1）定义。

1）分闸速度。断路器分闸过程中，动触头与静触头分离瞬间的运动速度（刚分后 0.01s 内平均速度）。

2）合闸速度。断路器合闸过程中，动触头与静触头接触瞬间的运动速度（刚合前 0.01s 内平均速度）。

（2）测试意义。分、合闸速度是断路器的一项重要参数，尤其是油断路器。分、合闸速度直接影响断路器分、合短路电流的能力。

（3）测试方法和判断依据。断路器的速度，现场一般不需要测量。如果断路器特性有了问题或检修后，必须进行测量。测量时使用成套的开关综合测试仪，测量方法和测量结果应符合厂家规定。

3. 分合闸动作电压测量

（1）测试意义。分、合闸动作电压是关系到断路器能否正常运行的重要数据。一方面是由于断路器动作的无规律，在每次的小修中也应进行分、合闸动作电压的测量，以验证其动作性能是否有明显变化；另一方面是保证其动作电压处于合格范围内，以防止拒动和误动事故。

（2）测试方法。采用突然加压法测量，使用成套的开关综合测试仪。

（3）判断依据。

1）并联合闸脱扣器应能在其额定电压 85%～110% 范围内可靠动作；并联分闸脱扣器应能在其额定电源电压 65%～110%（直流）或 85%～110%（交流）范围内可靠动作；当电源电压低至 30% 额定电压时不应脱扣。

2）在使用电磁机构时，合闸电磁铁线圈的端电压为操作电压额定值的 80%（关合电流峰值大于 50kA 时为 85%）时应可靠动作。

4.2.1.2　规程有关条目

（1）测量断路器的分、合闸时间，应在断路器的额定操作电压、气压或液压下进行。实测数值应符合产品技术条件的规定。现场无条件安装采样装置的断路器，可不进行本试验。

（2）测量断路器主、辅触头三相及同相各断口分、合闸的同期性及配合时间，应符合产品技术条件的规定。

4.2.1.3　出厂、历史数据

进行设备情况调查，掌握设备出厂安装及运行情况，查阅出厂试验报告及历史试验数据记录；了解电力设备预防性试验相关规程。

4.2.2　成立工作班组

在实训中可根据实际情况成立若干个工作班组，工作班组的成员按以下要求进行配置：

（1）工作负责人。由理论知识较全面、熟悉作业流程的人员担任。

（2）安全员。由安全意识强的人员担任，分组人数多可设 2 名安全员，工作负责人也可兼任。

（3）操作人员。组内其余人员担任操作员。

组内各岗位轮换执行。

4.2.3　准备设备器具

此任务所需主要设备器具：

（1）安全用具：安全帽、绝缘垫、绝缘手套。

（2）工具：螺丝刀、平口钳。

（3）测试设备：开关动作特性测试仪、万用表。

4.2.4　安全工作要求

在试验中的危险点及对危险点所采取的安全措施如下：

（1）高处坠落。在断路器上进行拆、接试验线工作时出现高处坠落。

预防措施：在高处作业或移动时使用双挂点安全带，严禁在高处作业失去保护或保护不到位；在特别危险处作业，根据需要使用高空作业车辅助作业；作业时好戴安全帽。

（2）触电。进入工作现场作人员精神不集中，没有看清设备名称，走错了间隔；加压时，通知、监护不到位；未断开电源插座即触碰试验接线和设备；高压试验后设备存在残

余电荷；感应电；仪器未接地。

预防措施：核对现场设备铭牌和编号，并确认设备已停电并接地。相互协调，所有人员撤离到安全地方后，再开始试验；设置专人监护，拉开电源后才能够进行换接线工作。按照放电流程执行，使用专用的放电棒进行充分放电。工器具及仪器的金属外壳应良好接地。加强感应电防护工作，根据现场接地线装设地点的情况，在进行作业时安装个人保安接地线；作业时戴绝缘手套，戴安全帽。

（3）接错电源，如在接取试验电源时 220V、380V 没有分清，实际电压与设备要求输入电压不一致，造成设备仪器损坏。

预防措施：使用仪器标明的电源电压，并使用万用表判别合适的电源。

4.2.5 执行任务

4.2.5.1 班前会

召开班前会，检查班组成员的穿着及精神状态；宣读工作票，并交代安全措施及危险点；进行工作分工。

4.2.5.2 布置安全措施

工作负责人带领组员一起布置、核实、确认安全措施落实可靠，满足工作要求，交代清楚安全事项，认真履行工作许可手续，严格执行有关规章制度，并确保每一位组员清楚安全事项。

4.2.5.3 作业前检查

检查工器具、仪器、材料，确认其状态良好，特别是符合安全工作要求。

4.2.5.4 测试过程

（1）检查断路器应在分闸位置。要求必须到现场察看确认断路器是否在分闸位置，如断路器在合闸位置则应将其分开。

（2）将断路器置于"就地"位置。现场将断路器置于"就地"位置，防止在进行本试验过程，远方有人操作断路器。

（3）检查断路器辅助、控制回路电源。现场检查确认断路器辅助、控制回路电源应已被断开，如未断开则向值班员申请断开该电源。

（4）检查断路器辅助、控制回路。查阅图纸，确定每个分、合闸线圈回路两侧的试验端子号；测量每个端子的对地交、直流电压，确认辅助、控制回路电源确实被断开；测量被试回路的直流电阻是否正常，以确认试验回路是否正确。

（5）按图 4.2 进行试验接线。当断路器在分闸位置时，将开关直流试验电源的正、负端分别与断路器控制回路中的合闸回路端子相连；开关机械特性测试仪的一次测量通道接至断路器的断口，每个测量通道的两根测量线分别对应接到一个断口的两侧，通道间相互独立；断路器在合闸状态时，机械特性测试仪的控制电源输出正、负端子分别接到断路器分闸回路的试验端子；其余接线与测量合闸时间时一样。

（6）进行测试。操作机械特性测试仪进行合闸时间测量，仪器自动记录三相的合闸时间并计算合闸不同期时间；分闸时间测量与合闸类似。

（7）读取试验数据并记录，测试完毕。试验结束后，将断路器恢复至试验前状态。

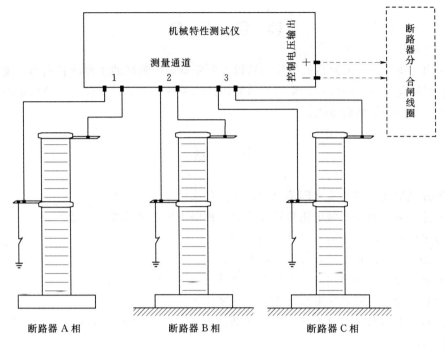

图 4.2 开关机械特性测试仪接线图

4.2.5.5 注意事项

使用本接线方式的前提是开关机械特性测试仪可提供开关操作电源输出；断路器的所有断口应该同时进行测量；上面所介绍的测试流程为单断口三相联动断路器的时间参量测量，如是多断口断路器测量，则应该增加断口的测量通道，如断路器为分相动作断路器，则机械特性的开关操作电源应该同时对各相的分、合闸线圈通电；如断路器有两组分闸线圈，则应分组进行分闸时间测量；如断路器带合闸电阻，在进行合闸时间测量时，应注意将试验仪器设置为"带合闸电阻断路器的测量"；在额定操作电压下进行；开关的分、合闸时间，主、辅触头的配合时间应符合制造厂规定。除制造厂有规定外，同期性要求应满足下列要求：相间合闸不同期时间不大于 5ms；相间分闸不同期时间不大于 3ms；同相各断口间合闸不同期时间不大于 3ms；同相各断口间分闸不同期时间不大于 2ms。

4.2.6 结束任务

4.1.6.1 小组总结会

工作结束后，由工作班组的负责人召集本班组所有工作人员对本次任务在操作过程中的优缺点进行总结。

各小组之间互相交流、评价。

教师评价。

4.2.6.2 编制报告

试验报告的编制可参考任务 4.1。

项　目　小　结

本节内容主要介绍断路器的绝缘结构以及断路器高压测试的主要项目内容，要求借此任务掌握对断路器结构的认识，掌握断路器测试的原理、方法，所需的主要设备的使用方法，掌握结果的分析判断方法。

习　　题

1. 断路器导电回路直流电阻测试的意义是什么？
2. 断路器导电回路直流电阻取决于什么？接触电阻由哪几部分组成？
3. 导电回路电阻测试时有什么注意事项？
4. 断路器导电回路电阻有什么测试要求？
5. 断路器分、合闸时间和同期性的定义是什么？有什么测试意义？
6. 断路器分、合闸动作电压的判断依据是什么？
7. 测量导电回路电阻时为什么不用电桥法，而是采用直流压降法，且通入的电流不得小于 100A？

项目5 电力电缆试验

【学习目标】
　　(1) 了解电力电缆绝缘结构及原理。
　　(2) 掌握直流耐压试验和泄漏电流试验原理。
　　(3) 掌握串联谐振装置交流耐压试验原理。
【项目导航】
　　(1) 电力电缆绝缘电阻的测量。
　　(2) 电力电缆直流耐压和泄漏电流试验。
　　(3) 电力电缆串联谐振装置交流耐压试验。
　　(4) 编写试验报告；分析结果。

任务 5.1　电力电缆绝缘电阻的测量

【任务导航】
　　本任务设置的教学情境是通过对电力电缆主绝缘电阻的测试，可初步判断电缆绝缘是否受潮、老化、脏污及局部缺陷，并可检查由耐压试验检出的缺陷性质。要求所有工作人员都明确本次工作的作业内容、进度要求、作业标准及安全注意事项，根据现场工作时间和工作内容填写工作票。任务需要的主要设备器材为10kV电力电缆一条、5000V兆欧表和测试线夹若干。

5.1.1　准备相关技术资料

　　1. 相关知识
　　电力电缆用于电力传输和分配。电缆具有占地小，地下敷设不占地面空间，不受路面建筑物的影响，易于在城市供电，供电可靠，不受外界影响的优点，所以使用越来越广泛。电缆种类也很多，一般有油纸绝缘电缆、塑料绝缘、橡胶绝缘；又分为交流电缆和直流电缆。
　　要完成本次任务，需要先认识电力电缆的作用、结构等知识，并能根据电力电缆的结构以及运行要求明确所需要知道的各项参数，并能根据有关规程的要求通过试验测量出这些参数，用以表征电力电缆的绝缘情况。
　　2. 《电力设备预防性试验规程》有关条目
　　运行中的电缆，其绝缘电阻值应根据各次试验数据的变化规律及相间的相互比较来综合判断。
　　(1) 电力电缆的绝缘电阻值与电缆的长度和测量时的温度有关，所以应进行温度和长

度的换算，公式为

$$R_{i20} = R_{it}KL$$

式中　R_{i20}——温度为20℃时的单位绝缘电阻值，MΩ·km；

　　　R_{it}——电缆长度为L，在温度为t℃时的绝缘电阻值，MΩ；

　　　L——电缆长度，km；

　　　K——绝缘电阻温度换算系数，见表5.1。

表5.1 电缆绝缘的温度换算系数

温度/℃	0	5	10	15	20	25	30	35	40
K	0.48	0.57	0.70	0.85	1.00	1.13	1.41	1.66	1.92

停止运行时间较长的地下电缆可以以土壤温度为准，运行不久的电缆应测量导体直流电阻后计算缆芯温度，对于新电缆（尚未铺设）可以以周围环境温度为准。

（2）绝缘电阻参考值。对油纸绝缘电缆见表5.2，对橡塑绝缘电缆见表5.3。

表5.2 油纸绝缘电缆绝缘电阻值

额定电压/kV	1～3	6	10	35
绝缘电阻不低于/(MΩ·km^{-1})	50	100	100	100

表5.3 橡塑绝缘电缆绝缘电阻值

额定电压/kV	3～6	10	>35
绝缘电阻不低于/(MΩ·km^{-1})	1000	1000	2500

橡塑绝缘电缆的内衬层和外护套电缆每千米不应低于0.5MΩ（使用500V兆欧表），当绝缘电阻低于0.5MΩ/km时，应用万用表正、反接线分别测量铠装层对地、屏蔽层对铠装的电阻，当两次测得的阻值相差较大时，表明外护套或内衬层已破损受潮。

（3）对纸绝缘电缆而言，如果是三芯电缆，测量绝缘电阻后，还可以用不平衡系数来判断绝缘状况。

不平衡系数等于同一电缆各芯线的绝缘电阻值中最大值与最小值之比，绝缘良好的电缆，其不平衡系数一般不大于2.5。

3. 出厂、历史数据

了解并收集被测试设备出厂和历史试验数据，以便分析对比设备情况。

4. 任务单

（1）规范性引用文件。

（2）作业准备。

（3）作业流程。

（4）安全风险及预控措施。

（5）试验项目、方法及标准。

5.1.2　成立工作班组

任务工作班组由 5 人组成。

1. 工作负责人（1 人）

由熟悉设备、熟悉现场的人员担任。负责本次试验工作，并主持班前班后会，负责本组人员分工，提出合理化建议并对全体试验人员详细交代工作内容、安全注意事项和带电部位。核对作业人员的接线是否正确，并对测量过程的异常现象进行判断。出现安全问题及时向指导教师汇报，并参与事故分析，及时总结经验教训，防止事故重复发生。

2. 现场安全员（1 人）

由有经验的人员担任。主要负责设备、试验仪器、仪表和本组人的安全监督。

3. 数据记录人员（1 人）

由经过必要培训的高压试验人员担任。负责对本次试验数据的记录和填写试验报告。

4. 作业人员（2 人）

由经过必要培训的高压试验人员担任。负责本次任务的接线和操作。

5.1.3　准备设备器具

电力电缆绝缘电阻的测量应配置的设备器具可从以下三个方面准备：

（1）安全防护用具。如安全帽、安全带、标志牌等。

（2）常用工具。如螺丝刀、扳手等。

（3）主要设备：绝缘电阻表。

5.1.4　安全工作要求

1. 高处作业

（1）安全风险：在拆除一次引线时，作业人员在梯子或设备构架上工作时，不慎坠落会造成轻伤。

（2）预控措施：

1）高处作业人员正确佩戴安全帽。

2）梯子上工作时须有人扶持。

3）工作人员穿防滑劳保鞋。

4）使用刀闸防护架挂扣安全带。

2. 高处坠物

（1）安全风险：工作人员拆除一次引线时工器具脱落，砸伤下方工作人员。

（2）预控措施：

1）按规定地面工作人员不得在作业点正下方停留。

2）作业人员将携带工具放在工具包中，工器具不得上下抛掷，传递时用吊物绳绑牢固。

3）所有现场工作人员正确佩戴安全帽。

3. 触电

（1）安全风险：

1）工作人员精神不集中，没有看清设备名称。

2）电缆没有充分放电；感应电较大时；变更试验接线时。

3）高压试验后设备存在一定的残余电荷。

（2）预控措施：

1）看清铭牌和编号，并确认设备已停电并接地。

2）对电缆进行充分放电；感应电较大时戴绝缘手套拆接线。

3）按照放电流程执行；使用专用的放电棒进行放电。

4. 仪器损坏

（1）安全风险：接试验时，将测试仪器损坏。

（2）预控措施：

1）测试时，两人进行，相互监督。

2）轻拿、轻放测试仪表。

3）测量结束后，牢记对试品放电，避免试品的电力电缆大容量的残余电荷回流造成仪表的损坏。

5.1.5 执行任务

5.1.5.1 作业准备

（1）负责人组织查阅历史试验报告；熟悉电力电缆试验的各种方法。

（2）按照要求做好相关工器具及材料准备工作。

1）工器具、仪器须有能证明合格有效的标签或试验报告。

2）工器具、仪器、材料应进行检查，确认其状态良好。

（3）由工作负责人通过工作许可人办理工作票许可手续。办理变电站工作票，需提前一天提交至变电站，核对现场安全措施。

（4）工作负责人与工作许可人一起核实确认安全措施完全可靠，满足工作要求；并注明双方需交代清楚的事项。认真履行工作许可手续，严格执行有关规章制度。

（5）召开班前会，检查员工的穿着及精神状态；宣读工作票，并交代安全措施及危险点；进行工作分工。

1）安全帽、工作服、工作鞋参数规格应满足任务需要，如有时效要求，则应在有效期范围内。

2）安措、危险点交代内容必须完整，并确认其已被所有作业人员充分理解。

3）分工明确到位，职责清晰。

5.1.5.2 作业实施

（1）断开被测试电力电缆的电源，拆除或断开其对外的一切连线，并将其接地充分放电。

（2）测量前应抄取电力电缆的所有信息和电缆号，测量时应记录被试设备的温度、湿度、气象情况、试验日期及使用仪表等。

（3）用干燥清洁柔软的布擦净电缆头，然后将非被试相缆芯与铅皮一同接地，逐相测量。

（4）根据现场情况进行试验接线。

1）根据电缆 10kV 电压等级采用 2500V 或 5000V 兆欧表进行试验。试验接线图如图5.1 所示。

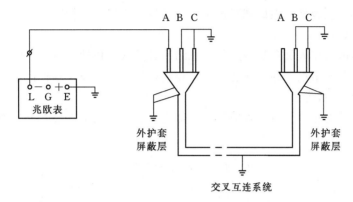

图 5.1　电缆主绝缘电阻测量图

2）接线完成后，先驱动兆欧表至额定转速（120r/min），此时，兆欧表指针应指向"∞"，再将相线接至被试品，待指针稳定后，读取 1min 时的绝缘电阻值并记录。

3）读取绝缘电阻的数值后，先断开接至被试品的相线，然后使兆欧表停止运转。

4）将被试相电缆充分放电，操作应戴好绝缘手套。

5）橡塑电缆内衬层和外护套绝缘电阻测量。

①测量前用干燥清洁柔软的布擦净电缆头。

②解开终端的铠装层和铜屏蔽层的接地线。

③测量内衬层绝缘电阻时，将铠装层接地；将铜屏蔽层和三相缆芯一起短路（摇绝缘时接相线）。

④测量外护套绝缘电阻时，将铠装层、铜屏蔽层和三相缆芯一起短路（摇绝缘时接相线）。兆欧表接线如图 5.2 所示。

6）拆除试验接线。试验结束后，将电力电缆恢复到试验前状态。

7）清理现场。

5.1.5.3　测量注意事项

（1）兆欧表接线端柱引出线不要靠在一起。

（2）测量时，兆欧表转速应尽可能保持额定值并维持恒定。

（3）被试品温度不低于＋5℃，户外试验应在良好的天气下进行，且空气的相对湿度一般不高于 80％。

图 5.2　测量外护套绝缘电阻兆欧表的接线

5.1.6　结束任务

（1）清理工作现场，拆除安全围栏，将工器具全部收拢并清点。

（2）检查被试验设备上有无遗留工器具和试验有无导地线。

（3）做好试验记录，记录本次试验内容，反措或技改情况，有无遗留问题以及判断试验结果。

（4）会同验收人员对现场安全措施及试验设备的状态进行检查，并恢复至工作许可时状态。

（5）经全部验收合格，做好试验记录后，办理工作终结手续。

5.1.6.1　小组总结会

本小组召全体工作人员参加班后会。总结回顾本次工作情况，由工作负责人交代本次工作完成情况、注意事项、存在问题及处理意见，最后填写设备维护记录。

5.1.6.2　编制任务报告表

任务报告由数据记录人员负责填写。参加实验的实验人员在报告上分别签名。本次试验报告见表 5.4。

表 5.4　　　　　　　　　　　　　　电力电缆绝缘电阻试验报告表

型号：＿＿＿＿＿＿＿　　出厂编号：＿＿＿＿＿＿＿＿＿　　温度：＿＿＿＿＿＿℃
安装位置：＿＿＿＿＿＿　　出产厂家：＿＿＿＿＿＿＿＿＿

试验位置	一次对地绝缘电阻 /MΩ	内衬层绝缘电阻绝缘电阻 /MΩ	外护套绝缘电阻 /MΩ
A			
B			
C			

结论：根据 GB 50150—2006，试验结果：＿＿＿＿＿＿＿＿＿＿＿＿＿＿＿＿＿＿

试验员：＿＿＿＿＿＿＿　试验负责人：＿＿＿＿＿＿＿

＿＿＿＿＿年＿＿＿月＿＿＿日

5.1.7　知识链接

5.1.7.1　电力电缆概述

把发电厂发出的电能输送到变电所、配电所及各种用户，就需要用架空线或电缆。用于电力传输和分配的电缆，称为电力电缆。

在建筑物和居民密集的地区，道路两侧空间有限，不允许架设灯杆和架空线，在这种情况下就需要用地下电缆代替；在发电厂或变电所中，要引出很多的架空线路，往往也因空间不够而受到限制，也需用电缆代替架空线输送电能。电力电缆具有以下优点：

（1）占地小，作地下敷设不占地面空间，不受路面建筑物的影响，易于在城市供电，也不需在路面架设杆塔和导线，使市容整齐美观。

（2）对人身比较安全。

（3）供电可靠，不受外界的影响，不会产生如雷电、风害、挂冰、风筝和鸟害等造成架空线的短路和接地等故障。

（4）作地下敷设，比较隐蔽，易于备战。

（5）运行比较简单方便，维护工作量少、费用低。

（6）电缆的电容较大，有利于提高电力系统的功率因数。

5.1.7.2　电力电缆种类

（1）按照绝缘材料分类。

1）油纸绝缘：黏性浸渍纸绝缘型（统包型，分相屏蔽型）；不滴流浸渍纸绝缘型（统包型，分相屏蔽型）；有油压，油浸渍纸绝缘型（自容式充油电缆，钢管充油电缆）；有气压，黏性浸渍纸绝缘型（自容式充气电缆，钢管充气电缆）。

2）塑料绝缘：聚氯乙烯绝缘型；聚乙烯绝缘型；交联聚乙烯绝缘型。

3）橡胶绝缘：天然橡胶绝缘型；乙丙橡胶绝缘型。

（2）按传输电能形式分类。有交流电缆和直流电缆。

（3）按照结构特征分类。

1）统包型（线芯成缆后，在外包有统包绝缘，并置于同一内护套内）。

2）分相型（主要是分相屏蔽，一般用在 10～35kV，有油纸绝缘和塑料绝缘）。

3）钢管型（电缆绝缘外有钢管护套，分钢管充油、充气电缆和钢管油压式、气压式电缆）。

4）扁平型（三芯电缆的外形呈扁平状，一般用于大长度海底电缆）。

5）自容型（护套内部有压力的电缆，分自容式充油电缆和充气电缆）。

5.1.7.3　电力电缆结构特性

1. 油浸纸绝缘电缆与 XLPE 绝缘电缆结构区别

（1）油浸纸绝缘统包型电缆，其结构如图 5.3 所示。

（2）油浸纸绝缘分相铅包（铝包）型电缆，其结构如图 5.4 所示。

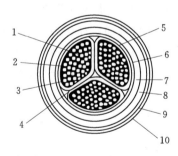

图 5.3　三芯油浸纸绝缘电力电缆结构图

1—扇形导体；2—导体屏蔽；3—油浸纸绝缘；4—填充物；5—统包油浸纸绝缘；6—绝缘屏蔽层；7—铅（或铝）护套；8—垫层；9—钢丝铠装；10—聚氯乙烯外护套

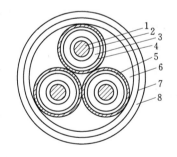

图 5.4　分相铅套电力电缆结构图

1—导体；2—导体屏蔽；3—油绝缘层；4—绝缘屏蔽层；5—铅护套；6—内垫层及填料；7—铠装层；8—外被层

（3）110kV XLPE 绝缘电缆，其结构如图 5.5 所示。

2. XLPE 绝缘电缆结构组成及作用

（1）导体。紧压型线芯作用：使外表面光滑，避免引起电场集中；防止挤塑半导电屏蔽层时半导电料进入线芯；可有效防止水分顺线芯进入。

注意安装时选择合适的内孔金具及压模，注意铜芯与铝芯电缆压模不同。

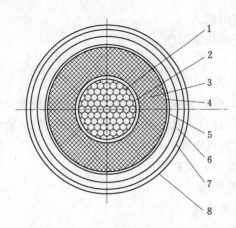

图 5.5　110kV XLPE 绝缘电缆结构图
1—导体；2—导电屏蔽层；3—绝缘层；4—绝缘屏蔽层；
5—金属屏蔽层；6—沥青；7—外护套；8—石墨

金具壁厚面积/线芯截面积，铜芯：不小于 1；铝芯：不小于 1.5。

金具板部平面面积电流密度，铝芯：小于 0.32A/mm²；铜芯：小于 0.44A/mm²。

（2）导电屏蔽层（$\rho_v = 10^4 \Omega \cdot cm$）。作用：屏蔽层具有均匀电场和降低线芯表面场强的作用；提高了电缆局部放电的起始放电电压，减少局部放电的可能性；抑制树枝生长；热屏障作用。

（3）绝缘层。作用：绝缘是将高压电极与地电极可靠隔离的关键结构。承受工作电压及各种过电压长期作用，因此其耐电强度与长期稳定性能是保证整个电缆完成输电任务的最重要部分；能耐受发热导体的热作用保持应有的耐电强度。

作为近年来广泛使用的交联电缆的绝缘，由单一介质交联聚乙烯（XLPE）构成，它的主要优点是：优良的电气性能，耐电强度高（长期工频击穿强度 20～30kV/m，冲击击穿强度 40～65kV/m），介损小（工频时 $\tan\delta = 0.0002\sim0.001$），介电常数小（2.3～2.5）；耐热性能好（连续工作温度 90℃），因而载流量较大；不受落差限制。因而，对于超高压长距离输电非常有利。

但它也有明显的缺点：耐局部放电性能差，受杂质和气隙及水分的影响很大，在这些缺陷处易产生局部电场集中，发生局部放电，造成不可恢复的永久性损坏；热膨胀系数大，热机械应力效应严重。所以，交联电缆的生产特别强调纯净，高压超高压电缆的质量更是由材料的纯净度决定的。对于交联电缆附件，除了结构设计正确合理外，最重要的问题也是清洁问题，尤其是附件所涉及绝缘界面往往是电场易变的地方，一旦有杂质、气隙等，其绝缘性能会显著下降。

（4）绝缘材料。交联聚乙烯与聚乙烯性能对比参考表 5.5。

表 5.5　　　　　　　　　交联聚乙烯与聚乙烯性能对比

性能项目	聚乙烯	交联聚乙烯
体积电阻率/(Ω·cm)	3×10^{15}	5×10^{14}
介质损耗角正切 tanδ	0.0002	0.0006
相对介电常数	2.11	2.11
击穿强度/(kV·mm⁻¹)	43.6	37.8
抗张强度/Pa	130×10^5	176×10^5
在 10%盐酸 70℃浸 7 天后/Pa	78×10^5	82×10^5
在苯溶液 70℃浸 7 天后/Pa	溶	33×10^5
伸长率/%	600	526

续表

性 能 项 目	聚乙烯	交联聚乙烯
在 10％盐酸 70℃浸 7 天后/％	37	83
在苯溶液 70℃浸 7 天后/％	碎	94
在 50℃二甲苯中应力开裂时间/h	1～5	7500
耐热老化性能	在 110℃以上完全熔融	在 150℃下浸 14 天，机械性能基本不变
耐热变形性能	在 110℃加 5N 负荷，完全压出，变形率达 95％	有 120℃下加 5N 负荷，变形达 30％～40％

聚乙烯经过交联后大大提高了聚乙烯的机械、耐热抗蠕变以及抗环境开裂性能。各种绝缘材料的物理性能参考表 5.6，电性能参考表 5.7。

表 5.6 **各种绝缘材料的物理性能**

材　料	常用符号	抗拉强度/（kg·cm⁻²）	伸长率/％	密度/（g·cm⁻³）	抗磨性	抗切割性
聚氯乙烯	PVC	168	260	1.2～1.5	差	差
聚乙烯	PE	98	300	0.92	差	差
交联聚乙烯	XLPE	210	120	1.2	适中	适中
聚四氯乙烯	TFE	210	150	2.15	适中	适中
费化乙 30 丙烯	FEP	210	150	2.15	差	差
ETFE	Tefzel（ETFE）	420	150	1.7	好	好
氯丁（二烯）橡胶	Kynar	497	300	1.76	好	好
硅胶	Silicone	56～126	100～800	1.15～1.38	适中	差
氯丁橡胶	Neoprene	10.5～280	60～700	1.23	好	好
丁基橡胶	Butyl	49～105	500～700	0.92	适中	适中
EPDM	EPDM	84～119	300	0.86～0.87	适中	适中
橡胶碳氧化合物	Viton	168	350	1.4～1.95	适中	适中
聚氨酯	Urethane	350～560	100～600	1.24～1.26	好	好
聚酰亚胺	Nylon	280～490	300～600	1.1	好	好
薄膜	Kapton	1260	707	1.42	优	优
聚酯薄膜	Mylar	910	185	1.39	优	优
Polyakene		140～490	200～300	1.76	好	好

表 5.7 各种绝缘材料的电性能

材 料	常用符号	绝缘强度/(kV·cm⁻¹)	介电常数	损耗系数	体积电阻率/(Ω·cm)
聚氯乙烯	PVC	16	5—7	0.02	2×10^{14}
聚乙烯	PE	19	2.3	0.005	10^{16}
交联聚乙烯	XLPE	28	2.3	0.005	10^{16}
聚四氟乙烯	TFE	19	2.1	0.0003	10^{18}
氟化乙丙烯	FEP	20	2.1	0.0003	10^{18}
ETFE	Tefzel (ETFE)	20	2.6	0.005	10^{16}
氯丁（二烯）橡胶	Kynar	6	7.7	0.02	2×10^{14}
硅胶	Silicone	23～28	3～3.6	0.003	2×10^{15}
氯丁橡胶	Neoprene	45	9	0.03	10^{11}
丁基橡胶	Butyl	24	2.3	0.003	10^{17}
EPDM	EPDM	24	2.3	0.003	10^{17}
橡胶碳氧化合物	Viton	20	4.2	0.14	2×10^{13}
聚氨酯	Urethane	18～20	6.7～7.5	0.055	2×10^{11}
聚酰亚胺	Nylon	15	4～10	0.02	4.5×10^{13}
薄膜	Kapton	106	3.5	0.003	10^{18}
聚酯薄膜	Mylar	102	3.1	0.15	6×10^{16}
Polyakene		74	3.5	0.028	6×10^{13}

绝缘层厚度参考表 5.8。

表 5.8 64/110kV XLPE 电缆绝缘层厚度

导体截面/mm²	标称绝缘层厚度/mm
240	19.0
300	18.5
400	17.5
500	17.0
630	16.5
800	16.0
1000	16.0
1200	16.0

（5）绝缘屏蔽层。作用：保证能与绝缘紧密接触，克服了绝缘与金属无法紧密接触而产生气隙的弱点，而把气隙屏蔽在工作场强之外，在附件制作中也普遍采用这一技术。

（6）金属屏蔽层。作用：形成工作电场的低压电极，当局部有毛刺时，也会形成电场强度很大的情况，因此也要力图使导体表面尽量做到光滑完整无毛刺；提供电容电流及故障电流的通路，因此也有一定的截面要求。

单芯电缆的导线与金属屏蔽的关系，可看作一个变压器的一次绕组。当电缆的导线通过交流电流时，其周围产生的一部分磁力线将与屏蔽层铰链，使屏蔽层产生感应电压，感应电压的大小与电缆线路的长度和流过导体的电流成正比，电缆很长时，护套上的感应电压叠加起来可达到危及人身安全的程度，在线路发生短路故障、遭受操作过电压或雷电冲击时，屏蔽上会形成很高的感应电压，甚至可能击穿护套绝缘。如果屏蔽两端同时接地使屏蔽线路形成闭合通路，屏蔽中将产生环形电流，电缆正常运行时，屏蔽上的环流与导体的负荷电流基本上为同一数量级，将产生很大的环流损耗，使电缆发热，影响电缆的载流量，减短电缆的使用寿命。因此，电缆屏蔽应可靠合理地接地，电线外护套应有良好的绝缘。

单芯电缆线路的接地方式有以下几种：

1）屏蔽一端直接接地，另一端通过护层保护接地。当线路长度在 $500 \sim 700\mathrm{m}$ 及以下时，屏蔽层可采用一端直接接地（电缆终端位置接地），另一端通过护层保护器接地。这种接地方式还需安装一条沿电缆线路平行敷设的回流线，回流线两端接地。敷设回流线时应使它与中间一相电缆的距离为 $0.7s$（s 为相邻电缆间的距离），并在线路一半处换位。

2）屏蔽中点接地。当线路长度在 $1000 \sim 1400\mathrm{m}$ 时，须采用中点接地方式。在线路的中间位置，将屏蔽直接接地，电缆两端终端头的屏蔽通过护层保护器接地。中间接地点一般需安装一个直通接头。

中点接地方式也可采用第二种方式，即在线路中点安装一个绝缘接头，绝缘接头将电缆屏蔽断开，屏蔽两端分别通过护层保护器接地，两电缆终端屏蔽直接接地。

3）屏蔽层交叉互连。电缆线路很长时（在 $1000 \sim 1400\mathrm{m}$ 以上），可以采用屏蔽层交叉互连。这种方法是将线路分成长度相等的 3 小段或 3 的倍数段，每小段之间装设绝缘接头，绝缘接头处三相屏蔽之间用同轴电缆，经交叉互连箱进行换位连接，交叉互连箱装设有一组护层保护器，线路上每两组绝缘接头夹一组直通接头。

（7）保护层。作用：是保护绝缘和整个电缆正常可靠工作的重要保证，针对各种环境使用条件设计有相应的护层结构，主要是机械保护（纵向、径向的外力作用）防水、防火、防腐蚀、防生物等，可以根据需要进行各种组合。

5.1.7.4　电缆附件的结构原理

（1）电力线及等位线。为了分析电缆附件电场情况，通常用电力线及等位线（等电位线）来形象化地表示电场分布状况：电力线与等位线直角相交（正交）；用电力线分析电场时，集中的部位电场强度高；用等位线分析电场时，曲率半径越小的地方场强越高。

（2）电缆末端（电缆终端）电场分布，如图5.6所示。

当电缆的绝缘屏蔽层切开之后，在外屏蔽端口将产生电应力集中现象，电场突然变化，并且电缆终端处电场分布畸变要比接头中的电场畸变严重，电场在该处不但有垂直分量，而且出现切向分量。

（3）应力控制结构。电力电缆终端或接头中的应力结构主要有两种：一是几何法，应力锥（如冷缩附件、高压附件）；二是参数法，应力带或应控管（如热缩附件）。

应力锥主要由绝缘和半导电两部分组成，其中绝缘部分用以增强电缆绝缘，半导电部分与电缆外半导电屏蔽结合，以控制电场分布。如图5.7所示。

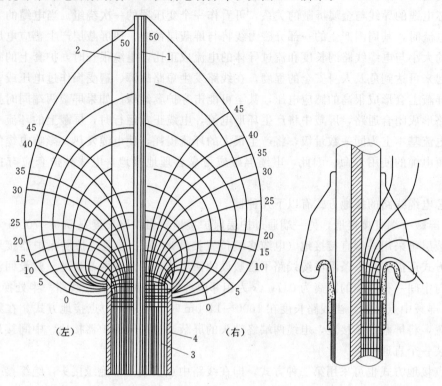

图5.6　电缆终端电场分布　　　　　　　　图5.7　应力锥结构图
1—绝缘；2—导体；3—轴向磁力线；4—铅护套

应控管是通过控制材料的特殊电气参数，如高介电常数 $\varepsilon > 20$，体积电阻率 ρ_v 为 $10^8 \sim 10^{12}\,\Omega \cdot cm$，应控管安装在附件中，使电场中电力线在两种不同介电常数介质的界面上遵循一定的折射规律［应力控制片（FSD）是利用其电阻率与外施电场呈非线性关系变化的特性，即当外施电场增加时，电阻率下降］。

由此可见，两种介质的介电常数差别越大，发生折射的角度也越大，当高介电常数的材料有一定厚度时，电力线在另一面的位移就大，位移越大，场强越小。6~35kV级电缆的应控管长度可按表5.9查取。

表5.9　　　　　　　　　　　　　　　6~35kV级电缆的应控管长度

额定电压/kV	U_0/kV	L_{min}/cm
6	3.5	4.2
8	4.6	6
10	5.8	7
15	8.7	11
35	20.2	25

（4）接头电场分布。应力锥的曲线曲率及屏蔽套的两端口曲率半径直接影响电场分布，如图 5.8 所示。

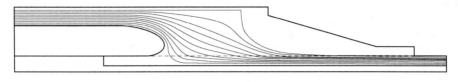

图 5.8 电场分布图

5.1.7.5 电缆附件中的界面特性

XLPE 绝缘电缆，由于其绝缘材料的特殊性能，使这种电缆的绝缘强度很高，在一般情况下，本体主绝缘击穿的可能性很小，同时配合交联聚乙烯的电缆附件，不论是什么形式（如热缩、预制、冷缩等）都是用很好的绝缘材料制成的，附件本身的绝缘不成问题，所以关键要解决电缆绝缘本体和附件之间的界面问题。

尽管设计附件时采用了适当的裕度，保证一般电缆使用中不会出现问题，但由于电缆制造工艺的千差万变，使得同一截面的电缆绝缘外径相差非常大，例如：240mm² XLPE 电缆标称绝缘外径应为 $\varphi21.5$mm，而目前大多数电缆为 $\varphi19.2$mm，这就带来了预制电缆附件的安装困难。

热缩形电缆附件主要靠附件加热收缩过程中产生界面握紧力来保证界面特性，当附件安装完成后进入运行，随着电缆负荷的变化，气候条件温差影响，电缆本体热胀冷缩，运行过程中附件不能再进行加热，就造成了热缩管对电缆绝缘表面界面压力不足，仅凭热缩管内壁很薄的热溶胶弹性来保证界面特性，显然是不够的，以至于热缩附件密封性能较差，油浸低绝缘电缆最好不要使用。

交联聚乙烯电缆附件界面的绝缘强度与界面上受到的握紧力呈指数关系，如图 5.9 所示。

界面正是在这样一个力的作用下保持电性能稳定的，根据国外技术人员分析，界面压力达到 98kPa 时，它的击穿强度能达到 3kV/mm 以上，如界面压力达到 $500\sim588$kPa，它的击穿强度能达到 11kV/mm，而设计附件时，一般界面的工作场强均取击穿场强的 $1/10\sim1/15$，为 0.2kV/mm 以下，甚至更低，这主要取决于电缆附件的材料特性，如热缩附件取 0.05kV/mm 以下，而预制冷缩附件可以取到 0.2kV/mm。这种设计参数国内外都用于附件设计中，通过较长运行时间，证明这样的基础场强对于 XPLE 绝缘电缆是非常合适的。

值得注意的是，这样一个场强必须是在界面有一定压力的前提条件下，如果不存在界面压力，界面的长度就要和户外的长度一样计算。

1. 终端电气计算

（1）终端外绝缘。终端外绝缘有 3 个要素

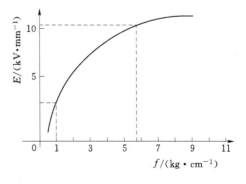

图 5.9 界面压力与击穿强度关系曲线

必须计算，这就是干闪距离、湿闪距离和污闪距离，见表 5.10。这 3 个参数对外绝缘将产生不同的影响。对于一种附件，只有取 3 个参数计算出的最大绝缘距离，才能保证整个运行时的安全。

表 5.10　　　　　　　　　　　　电缆附件基础外绝缘距离

电压等级 /kV	10		35		110	
	户内	户外	户内	户外	户内	户外
干闪绝缘距离/mm	125	250	300	500	900	1100
湿闪绝缘距离/mm	—	175	—	400	—	1000
污闪绝缘距离/mm	—	280	—	900	—	2200

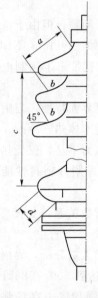

图 5.10　终端外绝缘

1) 干闪距离。干闪距离是指上金属电极至下金属电极间的最短直线距离。例如，我国电缆运行规程规定：10kV 户内电缆终端金具与地和其他相的最小距离不得小于 125mm，这就是最小干闪距离，因为在户内不存在污闪和湿闪问题。现在很多 10kV 附件，虽然主绝缘露出长度都小于这一数值，但由于在安装工艺中，将接线端子和接地线的一部分金属绝缘起来，从而延长了主绝缘，使得总长度仍然大于 125mm。对于户外 10kV 附件，一般干闪距离应大于 250mm。如图 5.10 所示，终端外绝缘长度

$$L=a+c+d \quad 或 \quad L=0.32(U_干-14)$$

式中　　$U_干$——干放电电压，kV。

2) 湿闪距离。湿闪距离是指当雨水以 45° 角淋在附件上时，附件上仍存在的干区长度，如图 5.10 所示，爬距 $a+b$ 等的组合。湿闪电压一般为干闪的 70%～80%。

当正常运行时，在电压一定的情况下，一般附件设计主要以湿闪为依据，如果能满足湿闪要求，干闪基本可以说没有问题，当然这不包括其他金属物接近附件引起的闪络。

$$湿闪距离=n×b \quad （cm）$$

式中　　n——裙边数。

3) 污闪距离（泄漏比距）。污闪距离是指附件外绝缘从上金具至下接地部位全部绝缘表面距离。这是由于污秽是均匀附着于附件绝缘表面上的，当有潮湿空气将其湿润时，就发生导电现象，以至闪络。电力工业部对污闪划分了等级（表 5.11），由于我国环境污染严重，因此附件污闪距离一般取Ⅳ级污秽等级为好，也就是取 3.1cm/kV；对于户内一般取Ⅲ级，即 2.5cm/kV。例如，10kV 户外污闪距离一般应大于 3.1cm/kV×8.7kV＝26.99cm＝269.7mm。110kV 户外污闪距离一般应大于 3.2cm/kV×69kV＝220.8cm＝2208mm。

表 5.11 国际污秽等级的划分

污秽环境等级	泄漏比距 /(cm·kV⁻¹)	试验方法		
		盐雾法 /(kg·m⁻³)	固体层法	
			等值盐（NaCl）密度 /(mg·cm⁻²)	电导 /μs
Ⅰ-轻	1.6	5～10	0.03～0.06	5～10
Ⅱ-中	2.0	14～28	0.05～0.20	10～15
Ⅲ-重	2.5	40～80	0.10～0.60	15～25
Ⅳ-很重	3.1	80～160	0.25～1.0	25～40

（2）终端内绝缘。终端内绝缘的设计应从三个方面考虑，即附加绝缘厚度、界面长度和应力控制方式。在前面已经讲了应力控制，并作了对比，因此就不再详述。但是有一点还要强调，不同的应力控制方式，对于主绝缘厚度影响较大，用应力管控制终端电场，一般绝缘厚度为 3～5mm 就可满足要求，同时 3～5mm 厚的绝缘老化寿命能够保证 15～20年内外绝缘性能，机械性能不会下降。对于用应力锥的形式控制电场的附件，附加绝缘取得较厚，因为它是通过几何形状的改变（一条复对数曲线）来改变终端电场的，一般10kV 取 15mm 左右，此时一般不从老化角度考虑问题，主要从改善电场角度出发。35kV取 20～35mm；110kV 取 50～70mm。

终端界面长度影响因素较多，如绝缘光滑程度、干净程度、界面压力、材质等，因而不能一概而论。但从前面所述的理论看，界面长度与击穿电场强度有一定关系，在这个基础之上，再加一裕度和安全系数就能确定界面长度。

终端接地线首先应满足良好的接地要求，只有这样才能保证安全运行。根据国标要求，电缆附件接地线应采用镀锡编织铜线，10kV 电缆截面为 120mm² 及以下的采用16mm² 编织铜接地线，120mm² 及以上的采用 25mm² 接地线。目前，为了更好地检测电缆外护套，有些地区供电局要求中低压附件采用双接地线制，即铜屏蔽层和钢带铠装的接地线分开焊接两根地线，正常运行时将两根地线均接地。当预试时用摇表测量护套对地电阻，从而证明护套的完整性。对于 35kV 及以上电压等级电缆的接地，国标也作了明确规定，见表 5.12。

表 5.12 高压电力电缆接地线推荐截面

系统电压/kV	35	66	110	220	500
接地线截面/mm²	35	50	70	95	150

对于 35kV 及以上电压等级电力电缆的接地，应考虑采用单端直接接地，另一端通过保护器接地。这是因为高压电力电缆多为单芯电缆，因而会在铜带屏蔽层上产生感应电压。如果两端均直接接地，就会在屏蔽层中形成环流，造成损耗，降低电缆输电能力。感应电压的大小在国标中明确规定："未采取接触金属护层的安全措施时，不得大于 50V；如采用安全措施时，不得大于 100V。"对于较长电缆，感应电压必定大于 100V，这时应采用中间交叉互连方式以消除感应电压。

2. 接头电气计算

电力电缆接头的电气性能主要是由内绝缘结构来确定的，对于中低压附件，接头的设计比较简单，一般取附加绝缘厚度为主绝缘的 2 倍，同时考虑连接管表面的光滑，并恢复内屏蔽和外屏蔽，最后对外屏蔽断开点的电场集中处通过采用应力管或应力锥方式控制该处电场，确保恢复的外护套能够和原电缆外套具有同等密封性能，因此中低压电缆接头中最关键的问题仍然是界面问题，界面的好坏，直接影响接头质量。目前国内外各种附件，由于所选材料不同，使得接头大小有很大差别。热缩和冷浇注式接头由于界面压力小，必须选择较长界面来改变这种状态，所以热缩和冷浇注接头的界面取在 200～250mm 为好。对于冷缩、预制和接插式以及绕包式接头，在连接部位及半导电断口处理较好的情况下，界面长 100～150mm 就可以达到绝缘要求。较先进的附件，接头的界面长度只需 80mm。

所有电缆接头的形状都能通过接头的电气计算确定，特别是高压电缆接头的附加绝缘厚度、应力锥和反应力锥长度必须进行严格理论计算，才能确保运行安全。

(1) 附加绝缘厚度。附加绝缘厚度是根据连接表面的最大工作场强取定后而计算出来的，且电缆本体的最大工作场强为 3～4kV/mm（XPLE 绝缘电缆），国外电缆的最大工作场强有时选取得还要高，一般连接管表面最大工作场强取电缆本体最大工作场强的 45%～60%。但有一点必须注意，该处最大工作场强不要超过空气游离时的场强，即 2.1kV/mm。

(2) 应力锥长度及形状。对于中低压电缆接头，如采用应力控制管，就应按照应力控制管参数来确定形状。这里主要说明应力锥改善电场的情况。设计原理是按其界面在一定压力作用下，界面所能承受的最大击穿场强的 $1/15～1/10$ 来计算。也就是说，首先确定在一定压力作用下界面的击穿场强，然后依此为基础确定出最大界面工作场强和应力锥长度。

(3) 反应力锥长度及形状。反应力锥也是根据沿面轴向场强为一常数而确定的。计算反应力锥为一曲线，在实际电安装中多用直线代替，正、反应力锥之间的距离一般取10～150mm。

(4) 界面长度。交联聚乙烯（XLPE）绝缘电缆接头中的界面长度的确定主要取决于界面情况。对于预制或绕包式接头，如能保证界面良好，界面长度可以取得很短，如有的电缆的接头绝缘长度在 100mm 以下，而有的甚至接近 50mm，110kV 电缆预制接头中绝缘长度也可小于 200mm，最大工作场强可达到 0.345kV/mm，大于空气游离场强的 1/10。这主要是因为预制件能够保证界面压力大于 $3kg/cm^2$，而一般国内 10kV 热缩接头，界面长度一般应大于 150mm，这时的最大工作场强为 8.7/150=0.058kV/mm，预制附件一般在 100～150mm，因而最大工作场强为 8.7/100=0.087kV/mm。对于 35kV 及以上电压等级电缆，由于制作时工艺要求严格，几何形状一定，对电场改善好，因此可以适当提高最大界面工作场强，以提高材料利用率。在综合考虑安全系数的情况下，最大工作场强可达到 2.1/10=0.21kV/mm，再加上 15% 的安全裕度，即 0.21×85%=0.178kV/mm。对于 110kV XLPE 绝缘电缆绕包式接头，除反应力锥以外绝缘长度 $L=69/0.178=387mm$；对于 66kV XLPE 绝缘电缆，$L=42/0.178=235mm$；对于 35kV XLPE 绝缘电缆，$L=26/0.178=146mm$。其他接头形式可根据具体情况计算出界面长度。

(5) XLPE 绝缘电缆的回缩。XLPE 材料在生产时内部存留应力，当电缆安装切断时，这些应力要自行消失，因此 XLPE 绝缘电缆的回缩问题是电缆附件中比较严重的问题。由于传统油纸电缆的使用习惯，过去对这一问题认识不够，现在随着 XLPE 绝缘电缆的大量使用，使人们必须面对这一问题。实际上这一问题最好的解决办法就是利用时间，让其自然回缩，消除应力后再安装附件。但是由于现场安装工期要求，只好利用加速回缩。对于 35kV 及以下附件，终端的回缩有限，一般不作考虑，但在接头中应采用其他方式克服回缩现象。例如，在预制接头中，连接管处的半导电体可选得较长，使它的长度两边分别和绝缘搭接 10～15mm（图 5.11），起到屏蔽作用。即使绝缘回缩，一般也只有 10mm 以下，屏蔽作用仍然存在。

对于高压 XLPE 绝缘电缆的附件安装，亦必须认真考虑回缩问题，一般在加热校直的同时消除 XLPE 内的应力，因为高压电缆接头中不可能制造出屏蔽结构，接头中任何一点的 XLPE 回缩都会给接头带来致命的缺陷，即气隙（图 5.12）。该气隙内产生局部放电，将会导致接头击穿。

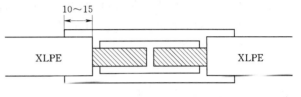

图 5.11　连接处的半导体屏蔽结构

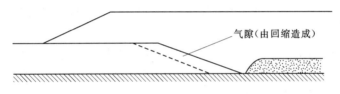

图 5.12　高压电缆接头中的回缩

现场用于消除回缩应力的方法为：用加热带绕包在每相绝缘上，加热到 80～90℃保持 8～12h，然后做其他处理，再安装接头。这样处理后的电缆 95% 以上的回缩应力能够消除，剩余部分对接头安全没有影响。目前生产厂商在生产设备上增加一种应力消除装置，以用来有效地消除制造应力，现场安装时可以不做上述应力消除工作。在订货时一定要准确了解生产厂商在产品上是否安装该装置，然后再确定安装工艺。

5.1.7.6　电缆附件的基本要求及品种特点

1. 基本要求

（1）线芯连接要好。接触电阻应小而稳定，能经受故障电流的冲击，运行中的接头电阻不大于电缆线芯本身电阻的 1.2 倍。

（2）绝缘性能。附件绝缘的耐压强度不应低于电缆本身，介质损耗应达到相应国标和厂家要求；户外部分还要考虑在严酷气候条件下能安全运行，一般应按标准中三级污秽确定外绝缘长度，而外露导电部分对地距离和相间距离应符合表 5.13 的要求。

表 5.13　　　　　　　带电导体外露部分的相间及对地最小距离

电压/kV	1～3	6	10	20	35	63	110
户内/mm	75	100	125	180	300	600	1000
户外/mm	200	200	200	300	400	800	1200

（3）密封性能。对于中低压电缆附件，由于 XLPE 绝缘电缆附件多为干式绝缘结构的附件，同时密封的主要作用就是防止运行中环境的潮气和导电介质浸入绝缘内部，引起树枝放电等危害。对于超高压电缆，如 110kV 及以上电压等级 XLPE 绝缘电缆，密封不但有上述作用，而且对防止附件内部充油的泄漏起关键作用。

（4）良好的机械强度。附件在安装和运行状态下要受到很多外力作用，如人为内力、电动力等，特别是 110kV 以上电压等级电缆附件，电缆本身回缩、弹力等也对附件本身提出较高的要求。

2. 品种特点

（1）热收缩附件。

1）所用材料一般由聚乙烯及硅橡胶等多种材料组分的共聚物组成。

2）主要采用应力管处理应力集中问题。

3）主要优点是轻便、安装容易、性能尚好。

4）价格低。

应力管是一种绝缘电阻率适中（$10^7 \sim 10^8 \Omega \cdot m$），介电常数较大（$25 \sim 30$）的特殊电性参数的热收缩管，利用电气参数强迫电缆绝缘屏蔽断口处的应力疏散呈沿应力管较均匀分布。这一技术只能作用于 35kV 及以下电缆附件中。因为电压等级高时应力管将发热而不能可靠工作。

其使用中关键技术问题是：要保证应力管的电性参数必须达到上述标准规定值方能可靠工作；另外，用硅脂填充电缆半导电层断口处的气隙以排除气体；交联电缆因内应力处理不良时在运行中会发生较大收缩，因而在安装附件时注意应力管与绝缘屏蔽距离不少于20mm，以防收缩时应力管与绝缘屏蔽脱离。热收缩附件因弹性较小，运行中热胀冷缩时可能使界面产生气隙，因此密封技术很重要，可以防止潮气浸入。

（2）预制式附件。

1）所用材料一般为硅橡胶或乙丙橡胶。

2）主要采用几何结构法即应力锥来处理应力集中问题。

3）其主要优点是材料性能优良，安装更简便快捷，不动火。

4）弹性好，使得界面性能得到较大改善，是近年来中低压以及高压电缆采用的主要形式。

5）价格较高。

其使用中关键技术问题是：附件的尺寸与待安装的电缆的尺寸配合要符合规定的要求；另外也需采用硅脂润滑界面，易于安装同时填充界面的气隙；预制附件一般靠自身橡胶弹力可以具有一定密封作用，有时可采用密封胶及弹性夹具增强密封。

5.1.7.7 电缆附件安装注意事项

（1）保持安装过程的清洁。

（2）检查电缆的受潮情况，特别应检查线芯是否进水。

（3）严格控制剥切尺寸，每剥除一层不可伤及内层结构。

（4）半导电层断面应光滑平整，与绝缘层的过渡应光滑。

（5）线芯绝缘剥离后应清除干净内半导电层，并打磨线芯上的氧化层。

（6）金具压接后应清除尖角毛刺。

任务 5.2 电力电缆直流耐压和泄漏电流试验

【任务导航】

本任务的目的是通过直流耐压试验检查出电缆绝缘中的气泡、机械损伤等局部缺陷，通过直流泄漏电流测量可以反映绝缘老化、受潮等缺陷，从而判断绝缘状况的好坏。该任务仅限于 6～10kV 的电力电缆试验。本任务适用于交接（针对橡塑绝缘电缆）及预防性试验时，耐压前后进行。测量前，准备好试验所需仪器仪表、工器具、相关材料、相关图纸及相关技术资料。仪器仪表、工器具应试验合格，满足本次试验的要求，材料应齐全，图纸及资料应符合现场实际情况。了解被试设备出厂和历史试验数据，分析对比设备情况，要求所有工作人员都明确本次工作的作业内容、进度要求、作业标准及安全注意事项。根据本次作业内容和性质确定好试验人员，并组织学习试验指导书。根据现场工作时间和工作内容填写工作票。本任务所需的主要设备器材是调压器、试验变压器、高压硅堆、保护电阻、直流微安表和电压表、直流高压发生器测试仪等。

5.2.1 准备相关技术资料

1. 相关知识

对氧化锌避雷器、磁吹避雷器、电力电缆、发电机、变压器、开关等设备进行直流高压试验需要用到直流高压发生器，应首先了解直流高压发生器的结构及使用方法。

2. 《电力设备预防性试验规程》有关条目

（1）试验电压标准。预试时纸绝缘电缆主绝缘的直流耐压试验值（加压时间 5min）见表 5.14。

表 5.14　　　　　　　预试时纸绝缘电缆主绝缘的直流耐压试验值

电缆额定电压 U_0/U/kV	直流试验电压/kV	电缆额定电压 U_0/U/kV	直流试验电压/kV
1.0/3	12	6/6	30
3.6/3.6	17	6/10	40
3.6/6	24	8.7/10	47

交接时黏性油浸纸绝缘电缆主绝缘的直流耐压试验值见表 5.15。

表 5.15　　　　　　交接时黏性油浸纸绝缘电缆主绝缘的直流耐压试验值

电缆额定电压 U_0/U/kV	0.6/1	6/6	8.7/10
直流试验电压/kV	6U	6U	6U
试验时间/min	10	10	10

不滴流油浸纸绝缘电缆主绝缘的直流耐压试验值见表 5.16。

表 5.16 不滴流油浸纸绝缘电缆主绝缘的直流耐压试验值

电缆额定电压 U_0/U/kV	0.6/1	6/6	8.7/10
直流试验电压/kV	6.7	20	37
试验时间/min	5	5	5

交联聚乙烯电缆主绝缘的直流耐压试验值（加压 5min）见表 5.17。

表 5.17 交联聚乙烯电缆主绝缘的直流耐压试验值

电缆额定电压 U_0/U/kV	直流试验电压/kV	电缆额定电压 U_0/U/kV	直流试验电压/kV
1.8/3	11	6/10	25
3.6/3.6	18	8.7/10	37
6/6	25		

（2）要求耐压 5min 时的泄漏电流值不得大于耐压 1min 时的泄漏电流值。对纸绝缘电缆而言，三相间的泄漏电流不平衡系数不应大于 2，6kV/6kV 及以下电缆的泄漏电流小于 $10\mu A$，8.7kV/10kV 电缆的泄漏电流值小于 $20\mu A$ 时，对不平衡系数不作规定。

（3）在加压过程中，泄漏电流突然变化，或者随时间的增加而增大，或者随试验电压的上升而不成比例地急剧增大，说明电缆绝缘存在缺陷，应进一步查明原因，必要时可延长耐压时间或提高耐压值来找绝缘缺陷。

（4）相与相间的泄漏电流相差很大，说明电缆某芯线绝缘可能存在局部缺陷。

（5）若试验电压一定，而泄漏电流作周期性摆动，说明电缆存在局部孔隙性缺陷。当遇到上述现象，应在排除其他因素（如电源电压波动、电缆头瓷套管脏污等）后，再适当提高试验电压或延长持续时间，以进一步确定电缆绝缘的优劣。

3. 出厂、历史数据

了解被测试设备出厂和历史试验数据，以便分析对比设备情况。

4. 任务单

（1）规范性引用文件。

（2）作业准备。

（3）作业流程。

（4）安全风险及预控措施。

（5）试验项目、方法及标准。

（6）回顾及改进。

5.2.2 成立工作班组

任务工作班组由 5 人组成。

1. 工作负责人（1 人）

由熟悉设备、熟悉现场的人员担任。负责本次试验工作。并主持班前班后会，负责本组人员分工，提出合理化建议并对全体试验人员详细交代工作内容、安全注意事项和带电部位。核对作业人员的接线是否正确，并对测量过程的异常现象进行判断。出现安全问题及时向指导教师汇报，并参与事故分析，及时总结经验教训，防止事故重复发生。

2. 现场安全员（1人）

由有经验的人员担任。主要负责设备、试验仪器、仪表和本组人员的安全监督。

3. 数据记录人员（1人）

由经过必要培训的高压试验人员担任。负责记录本次试验数据和填写试验报告。

4. 作业人员（2人）

由经过必要培训的高压试验人员担任。负责本次任务的接线和操作。

5.2.3 准备设备器具

电力电缆直流耐压和泄漏电流的测量应配置的设备器具可按以下三种类型准备：

（1）安全防护用品及安全标识。如安全帽、安全带等。

（2）常用工具。

（3）主要测试设备：直流高压发生器，微安表。

5.2.4 安全工作要求

1. 高处作业

（1）安全风险：在拆除一次引线时，作业人员在梯子或站在设备构架上工作时，易不慎坠落造成轻伤。

（2）预控措施：

1）高处作业人员正确佩戴安全帽。

2）梯子上工作时须有人扶持。

3）工作人员穿防滑劳保鞋。

4）使用刀闸防护架挂扣安全带。

2. 高处坠物

（1）安全风险：工作人员拆除一次引线时工器具脱落，砸伤下方工作人员。

（2）预控措施：

1）按规定地面工作人员不得在作业点正下方停留。

2）作业人员将携带工具放在工具包中，工器具不得上下抛掷，传递时用吊物绳绑牢固。

3）所有现场工作人员正确佩戴安全帽。

3. 触电

（1）安全风险：进行测试时，工作人员触碰到被试设备带电部位。

（2）预控措施：

1）相互协调，所有人员撤离到安全地方后，再开始试验；升压前及升压中派专人监护并呼唱。

2）其他班组人员离开试验区域，并装设试验围栏，向外悬挂"止步，高压危险"标示牌。

3）在加压可能到的设备装设"止步，高压危险"围栏，必要时派人把守。

4）两人进行，其中有经验的一人作监护人。

4. 误操作

（1）安全风险：接试验电源时，错误地接入与测试仪器不符的试验电源。

（2）预控措施：

1）查看仪器极限期参数或仪器上标明的电源电压。

2）接电源前使用万用表测量电源电压，确保接入正确。

3）接试验电源时，两人进行，相互监督。

5.2.5 执行任务

5.2.5.1 作业准备

（1）负责人组织查阅历史试验报告；熟悉电力电缆的各种方法。

（2）按照要求做好相关工器具及材料准备工作。

1）工器具、仪器须有能证明合格有效的标签或试验报告。

2）工器具、仪器、材料应进行检查，确认其状态良好。

（3）由工作负责人通过工作许可人办理工作票许可手续。办理变电站工作票，需提前一天提交至变电站，核对现场安全措施。

（4）工作负责人与工作许可人一起核实确认安全措施完全可靠，满足工作要求；并注明双方需交代清楚的事项。认真履行工作许可手续，严格执行有关规章制度。

（5）召开班前会，检查员工的穿着及精神状态；宣读工作票，并交代安全措施及危险点；进行工作分工。

1）安全帽、工作服、工作鞋参数规格应满足任务需要，如有时效要求，则应在有效期范围内。

2）安措、危险点交代内容必须完整，并确认其已被所有作业人员充分理解。

3）分工明确到位，职责清晰。

5.2.5.2 作业实施

（1）对被试电力电缆停电并短路充分放电。

（2）测量前应抄取电力电缆的所有信息和线号，测量时应记录被试设备的温度、湿度、气象情况、试验日期及使用仪表等。

（3）用干燥清洁柔软的布擦去被试电力电缆外绝缘表面的脏污，必要时用适当的清洁剂洗净。

（4）测量前先对电力电缆进行绝缘电阻测试。待数据稳定后读取绝缘电阻值。用2500V以上兆欧表进行测量，读取1min时的绝缘电阻值，数据记录人员记录好数据。

（5）根据现场情况进行试验接线，如图5.13所示。

（6）开始测试，首先检查升压旋钮是否回零，然后合上刀闸，打开操作电源，逐步平稳升压，升压时严格监视泄漏电流，当达到直流耐压值时，马上读取电压，再读取此时的泄漏电流。

（7）数据记录人员记录数据。

（8）降压至零，断开试验电源。

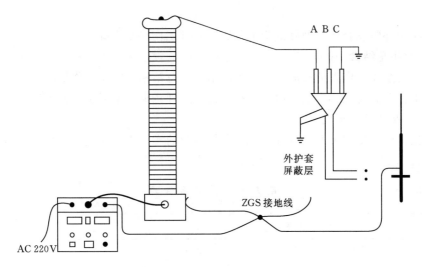

图 5.13　电力电缆直流发生器接线图

（9）迅速调节升压旋钮回零，断开高压通按钮，断开设备电源开关，拉开电源刀闸，对被试设备和高压发生器放电。

（10）测量试验后的电力电缆绝缘电阻。

（11）清理现场。

5.2.5.3　测量注意事项

（1）试验时，应每相分别施加电压，其他非被试相应短路接地。

（2）每次改变试验接线时，应保证电缆电荷完全泄放完、电源断开、调压器处于零位，将待被试的相先接地，接线完毕后加压前取下该相的地线。

（3）泄漏电流值和不平衡系数只作为判断绝缘状况的参考，不能作为是否能投入运行的判据。

（4）注意温度和空气湿度对表面泄漏电流的影响。当空气湿度对表面泄漏电流远大于体积泄漏电流，电缆表面脏污易于吸潮，使表面泄漏电流增加，所以必须擦净表面，并应用屏蔽电极。另外，温度对高压直流试验结果的影响极为显著，最好在电缆温度为 30～80℃ 时做试验，因为在这样的温度范围内泄漏电流变化较明显。

（5）对金属屏蔽或金属套一端接地，另一端装有护层过电压保护器的单芯电缆主绝缘做直流耐压试验时，必须将护层过电压保护器短接，使这一端的电缆金属屏蔽或金属套临时接地。

5.2.6　结束任务

（1）清理工作现场，拆除安全围栏，将工器具全部收拢并清点。

（2）检查被试验设备上有无遗留工器具和试验有无导地线。

（3）做好试验记录，记录本次试验内容，反措或技改情况，有无遗留问题以及判断试验结果。

（4）会同验收人员对现场安全措施及试验设备的状态进行检查，并恢复至工作许可时状态。

（5）经全部验收合格，做好试验记录后，办理工作终结手续。

5.2.6.1　小组总结会

小组召集全体工作人员参加班后小组总结会。总结回顾本次工作情况。由工作负责人交代本次工作完成情况、注意事项、存在问题及处理意见。最后填写设备维护记录。

5.2.6.2　编制任务报告表

任务报告由数据记录人员负责填写。参加实验的实验人员在报告上分别签名。本次试验报告见表 5.18。

表 5.18　　　　　　　　　　电力电缆试验报告表

型号：＿＿＿＿＿＿＿＿　出厂编号：＿＿＿＿＿＿　温度：＿＿＿＿＿℃
安装位置：＿＿＿＿＿＿＿　出产厂家：＿＿＿＿＿

试验位置	一次对地绝缘电阻/MΩ	1min 直流耐压电压/kV	泄漏电流/μA
A			
B			
C			

结论：根据 GB 50150—2006，试验结果：＿＿＿＿＿＿＿＿＿＿＿

试验员：＿＿＿＿＿　试验负责人：＿＿＿＿＿

＿＿＿＿年＿＿＿月＿＿＿日

5.2.7　知识链接

电力电缆泄漏电流试验和直流耐压试验可以同时进行。测量泄漏电流所加直流电压较低，而直流耐压所加电压较高，泄漏电流试验可以先发现绝缘劣化、受潮。而直流耐压检查安装质量、接头、机械损伤及电缆本身的缺陷都比较有效。在实际工作中，两者的试验设备、仪器、一般试验接线基本上是相同的，故两个试验项目可以同时进行试验。

测量泄漏电流的目的是要观察每阶段电压下电流随时间的下降情况，以及电流随电压逐阶段升高的增长情况。绝缘良好的电缆，每当电压刚升至一个阶段，由于电缆电容性较大，电容充电，电流急剧上升，随时间延长而逐步下降，到 1min 读取泄漏电流时，仅为开始读数的 10%～20%。例如电缆存在某些缺陷，主要表现为电流在电压分阶段停留时几乎不随时间而下降，甚至可能增大，或者是在电压上升时，泄漏电流不成比例地急剧上升，这就说明电缆缺陷比较严重。

由于直流试验设备容量小，质量小，携带方便，便于现场使用，更适合于油纸绝缘的电缆做试验。同时直流试验高压输出是负极性，如电缆绝缘中含有水分存在，将会因渗透作用使水分子从表层移向导体，发展成为贯穿性缺陷，容易发现缺陷。同时通过直流耐压，由于按电阻分布电压，大部分电压加载于缺陷串联的损坏部分上，所以说直流耐压对某种绝缘电缆来说更容易发现局部缺陷。

1. 试验注意事项

（1）为防止杂散电流对试验结果的影响，一般应将微安表装置在高电压侧进行测量。

（2）微安表输出到电缆导体上应用屏蔽线作为引线，排除电引线对地及周围产生电晕电流影响，使测量泄漏电流更正确。

（3）在加压试验中，邻近停役电气设备应三相短路接地，避免受到感应电影响。

（4）利用硅二极管产生高压时，由于反向电阻不一样，需要产生更高电压时，最多只能用二只硅管串联，否则电压不均匀，容易损坏硅整流管。

（5）在加压过程中，泄漏电流突然变化，或者随时间的增长而增大，或者随试验电压的上升，成比例地急剧增大，这都说明电缆存在严重缺陷。

（6）试验电压固定，而泄漏电流呈周期性来回摆动，说明电缆有空隙缺陷，可能在一定的电压下，形成孔隙性击穿现象，使泄漏电流加大。有时由于电缆充电而对空隙放电，随着电压下降，空隙绝缘又得到恢复，使微安表做周期摆动，试验中如排除外界影响，说明电缆本身有缺陷存在。

（7）经直流耐压后的泄漏电流不应大于加压 1min 的泄漏电流，如超过耐压时的泄漏电流，说明电缆有受潮现象或其他缺陷。

（8）三相电缆，每相泄漏电流的不平衡系数应不大于 2，如一相泄漏电流大于其他相不平衡系数大于 2，说明这一相绝缘有缺陷，应引起注意。对于 10kV 电缆，若泄漏电流在 $10\sim20\mu A$ 以下，泄漏的不平衡系数可以不必考虑。

（9）由于受到气候、温度、湿度、尘污和环境因素影响，如发现泄漏电流特别大，要消除这些因素，可采取拆除串接瓷绝缘子、表面接屏等方法，以排除环境因素和尘污等因素影响得到正确测量结果。

（10）对电缆加压试验前，应将两端有护层的过电压保护器短路，避免损坏。

（11）利用硅管整流都应以负极性输出高压电流，这样容易暴露电缆缺陷。

（12）直流试验测量泄漏电流和直流耐压应同时进行，利用硅堆作直流试验，其直流电压应按交流电压的 2 倍，所加的直流电压不应超过硅堆所规定的反峰电压的 1/2。

（13）使用直流高压发生器对长电缆试验进行试验，必须选用较大容量的控制设备，这样在加压充电过程中不会产生经常跳闸。

2. 试验结果的分析判断

根据所测得的电缆泄漏电流值，可用以下方法加以分析判断。

（1）耐压 5min 时的泄漏电压值不应大于 1min 时的泄漏电流值。

（2）按不平衡系数分析判断，泄漏电流的不平衡系数等于最大值电流值与最小泄漏电流值之比。除塑料电缆外，不平衡系数不大于 2。对于 10kV 电缆，最大一相泄漏电流小于 $20\mu A$ 时；6kV 及以下电缆，小于 $10\mu A$ 时，不平衡系数不做规定。

（3）泄漏电流应稳定。若试验电压稳定，而泄漏电压呈周期性的摆动，则说明被试电缆存在局部孔隙性缺陷。在一定的电压作用下，间隙被击穿，泄漏电流便会突然增加，击穿电压下降，孔隙又恢复绝缘，泄漏电流又减小；电缆电容再次充电，充电到一定程度，孔隙又被击穿，电压又上升，泄漏电流又突然增加，而电压又下降。上述过程中不断重复，造成泄漏电流周期性摆动的现象。

（4）泄漏电流随耐压时间延长不应有明显上升。如发现随时间延长泄漏电流明显上升，则多为电缆接头、终端头或电缆内部受潮。

（5）泄漏电流突然变化、泄漏电压随时间增长或随试验电压不成比例急剧上升，则说明电缆内部存在隐患，应尽可能找出原因，加以消除，必要时，可视具体情况酌量提高试验电压或延长耐压持续时间使缺陷充分暴露。

电缆的泄漏电流只作为判断绝缘情况的参考，不作为决定是否投入运行的标准。当发现耐压试验合格而泄漏电流异常的电缆，应在运行中缩短试验周期来加强监督，或采用传感器监视被怀疑电缆地线回路中的电流来预防电缆事故。当发现泄漏电流或地线回路中的电流随时间而增加时，该电缆应停止运行；若经较长时间多次试验与监视，泄漏电流趋于稳定，则该电缆也可允许继续使用。

任务 5.3　串联谐振装置交流耐压试验

【任务导航】

本任务设置了交流耐压试验的情境，目的在于通过试验了解试验方法，了解电缆结构，掌握设备使用方法。任务要求做的是交联聚乙烯电缆主绝缘的交流耐压试验。测量前，准备好试验所需仪器仪表、工器具、相关材料、相关图纸及相关技术资料。仪器仪表、工器具应试验合格，满足本次试验的要求，材料应齐全，图纸及资料应符合现场实际情况。了解被试设备出厂和历史试验数据，分析对比设备情况，要求所有工作人员都明确本次工作的作业内容、进度要求、作业标准及安全注意事项。根据本次作业内容和性质确定好试验人员，并组织学习试验指导书。根据现场工作时间和工作内容填写工作票。所需主要设备器材是串联谐振成套装置。

串联谐振耐压试验是高压电气试验中较为危险工作，在试验过程中，应当从安全和技术等多个角度理解和应用保证安全的各种措施，确保试验的安全进行是保证人身安全和电力系统安全的重要保证，从而保证电力生产的长期安全稳定运行。

串联谐振试验装置是由变频电源、励磁变压器、谐振电抗器、电容分压器、补偿电容器等几部分组成，主要是用来进行各种交流耐压试验。

串联谐振试验装置进行交流耐压试验具有体积小、重量轻、操作方便，能灵活整定试验电压、调频范围、加压时间，安全可靠性高，系统具有过电压、过电流及放电保护功能，确保人身及设备安全等优势。

下面来说说串联谐振试验装置在交流耐压试验中的应用。

5.3.1　准备相关技术资料

1.《电力设备预防性试验规程》有关条目

（1）10kV 及以下电压等级电缆耐压试验（26.5kV 及以下交流耐压试验）。试验电压 $U=22\text{kV}$，根据电缆的长度及截面的不同即试品电容量的大小，电抗器可以单台或多台并联使用。

10km 以内 8.7/10kV，$3\times300\text{mm}^2$ 规格橡塑绝缘电缆试验方案：被试品电容量、电抗器及补偿电容量的匹配关系见表 5.19。

表 5.19　　　　　　　8.71kV，3×300mm² 规格橡塑绝缘电缆试验方案

电缆长度/m	试品电容量/nF	电抗器连接方式（F-DK53/26.5 型电抗器在额定电压额定频率下每台最大负载试品电容量约为 0.382μF）	励磁变压器使用台数	励磁变压器二次绕组连接方式	补偿电容量/nF
0~11.7	0~4.3	1 台 F-DK53/26.5	一台	并联	2.0
11.7~1000	4.3~382	1 台 F-DK53/26.5	一台	并联	0
1000~2000	382~764	2 台 F-DK53/26.5 并联	一台	并联	0
2000~3000	764~1146	3 台 F-DK53/26.5 并联	一台	并联	0
3000~4000	1146~1528	4 台 F-DK53/26.5 并联	一台	并联	0
4000~5000	1528~1910	5 台 F-DK53/26.5 并联	两台	并联	0
5000~6000	1910~2292	6 台 F-DK53/26.5 并联	两台	并联	0
6000~7000	2292~2674	7 台 F-DK53/26.5 并联	两台	并联	0
7000~8000	2674~3056	8 台 F-DK53/26.5 并联	两台	并联	0
8000~9000	3056~3438	9 台 F-DK53/26.5 并联	三台	并联	0
9000~10000	3438~3820	10 台 F-DK53/26.5 并联	三台	并联	0

（2）35kV 及以下电压等级电缆耐压试验（53kV 及以下交流耐压试验）。试验电压 U =53kV，其中电抗器为同规格的两台串联构成一电抗器组使用。根据电缆的长度及截面的不同即试品电容量的大小，电抗器可以单组或多组并联使用。

6.0km 以内 26/35kV，3×300mm² 规格橡塑绝缘电缆试验方案：被试品电容量、电抗器及补偿电容量的匹配关系见表 5.20。

表 5.20　　　　　　　26/35kV，3×300mm² 规格橡塑绝缘电缆试验方案

电缆长度/m	试品电容量/nF	电抗器连接方式	励磁变压器使用台数	励磁变压器二次绕组连接方式	补偿电容量/nF
0~11.4	0~2.1	1 组 F-DK53/26.5	一台	混联	2
11.4~1000	2.1~191	1 组 F-DK53/26.5	一台	混联	0
1000~2000	191~382	2 组 F-DK53/26.5 并联	一台	混联	0
2000~3000	382~573	3 组 F-DK53/26.5 并联	两台	混联	0
3000~4000	573~764	4 组 F-DK53/26.5 并联	两台	混联	0
4000~5000	764~955	5 组 F-DK53/26.5 并联	三台	混联	0
4000~6000	955~1146	6 组 F-DK53/26.5 并联	三台	混联	0

（3）110kV GIS 电气主设备的交流耐压试验（265kV 及以下交流耐压试验）。试验电压不大于 265kV，一般使用 F-QLB15 型励磁变压器，Q 值较高（超过 40）、负载较轻的试验，可使用 F-LB12B 型励磁变压器。

用户可根据被试品电容量选择串联电抗器的节数。如被试品容量较小，谐振频率过高，可并联系统专配的负载补偿电容器，降低频率。

注意：试验电压大于 26.5kV 时，务必多个电抗器串联，若横向并列串联，则后一级电抗器底部必须加专用绝缘底座。

2. 出厂、历史数据

了解被测试设备出厂和历史试验数据，以便分析对比设备情况。

3. 任务单

（1）规范性引用文件。

（2）作业准备。

（3）作业流程。

（4）安全风险及预控措施。

（5）试验项目、方法及标准。

（6）回顾及改进。

5.3.2 成立工作班组

任务工作班组由 5 人组成。

1. 工作负责人（1 人）

由熟悉设备、熟悉现场的人员担任。负责本次试验工作。并主持班前班后会，负责本组人员分工，提出合理化建议并对全体试验人员详细交代工作内容、安全注意事项和带电部位。核对作业人员的接线是否正确，并对测量过程的异常现象进行判断。出现安全问题及时向指导教师汇报，并参与事故分析，及时总结经验教训，防止事故重复发生。

2. 现场安全员（1 人）

由有经验的人员担任。主要负责设备、试验仪器、仪表和本组人员的安全监督。

3. 数据记录人员（1 人）

由经过必要培训的高压试验人员担任。负责记录本次试验数据和填写试验报告。

4. 作业人员（2 人）

由经过必要培训的高压试验人员担任。负责本次任务的接线和操作。

5.3.3 准备设备器具

电力电缆串联谐振装置交流耐压试验的测量应配置安全防护用品及安全标识、常用工器具及主要设备串联谐振装置。

5.3.4 安全工作要求

1. 高处作业

（1）安全风险：作业人员登高过程中不慎滑落在设备上工作失足，作业人员在梯子或站在设备构架上工作时，易不慎坠落造成轻伤。

（2）预控措施：

1）高处作业人员正确佩戴安全帽。

2）梯子上工作时须有人扶持。

3）工作人员穿防滑劳保鞋。

4）使用刀闸防护架挂扣安全带。

2．高处坠物

（1）安全风险：高空物体坠落，地面工作人员在作业点下方。

（2）预控措施：

1）按规定地面工作人员不得在作业点正下方停留。

2）作业人员将携带工具放在工具包中，工器具不得上下抛掷，传递时用吊物绳绑牢固。

3）所有现场工作人员正确佩戴安全帽。

3．触电

（1）安全风险：进行测试时，工作人员触碰到被试设备带电部位。

（2）预控措施：

1）相互协调，所有人员撤离到安全地方后，再开始试验；升压前及升压中派专人监护并呼唱。

2）其他班组人员离开试验区域，并装设试验围栏，向外悬挂"止步，高压危险"标示牌。

3）在加压可能到的设备装设"止步，高压危险"围栏，必要时派人把守。

4）两人进行，其中有经验的一人作监护人。

4．误操作

（1）安全风险：接试验电源时，错误地接入与测试仪器不符的试验电源。

（2）预控措施：

1）查看仪器极限期参数或仪器上标明的电源电压。

2）接电源前使用万用表测量电源电压，确保接入正确。

3）接试验电源时，两人进行，相互监督。

5．不按规定程序作业

（1）安全风险：220V、380V 没有分清；检修电源箱标示不清；实际电压与设备要求输入电压不一致；试验仪器要求接地但未接地；未使用专用接地线；未恢复到设备的初始状态接线。

（2）预控措施：

1）使用仪器标明的电源电压。

2）使用万用表选择合适的电源。

3）试验设备必须可靠接地，并要求第二人复查。

4）拆前做好标记和记录，恢复线后要仔细核查。

5.3.5　执行任务

5.3.5.1　作业准备

（1）工作负责人组织查阅历史试验报告；熟悉电力电缆试验的各种方法。

（2）按照要求做好相关工器具及材料准备工作。

1）工器具、仪器须有能证明合格有效的标签或试验报告。

2）工器具、仪器、材料应进行检查，确认其状态良好。

（3）由工作负责人通过工作许可人办理工作票许可手续。办理变电站工作票，需提前一天提交至变电站，核对现场安全措施。

（4）工作负责人与工作许可人一起核实确认安全措施完全可靠，满足工作要求；并注明双方需交代清楚的事项。认真履行工作许可手续，严格执行有关规章制度。

（5）召开班前会，检查员工的穿着及精神状态；宣读工作票，并交代安全措施及危险点；进行工作分工。

1）安全帽、工作服、工作鞋参数规格应满足任务需要，如有时效要求，则应在有效期范围内。

2）安措、危险点交代内容必须完整，并确认其已被所有作业人员充分理解。

3）分工明确到位，职责清晰。

5.3.5.2 作业实施

（1）对被试电力电缆停电并短路充分放电。

（2）测量前应抄取电力电缆的所有信息和线号，测量时应记录被试设备的温度、湿度、气象情况、试验日期及使用仪表等。

（3）用干燥清洁柔软的布擦去被试电力电缆外绝缘表面的脏污，必要时用适当的清洁剂洗净。

（4）测量前先对电力电缆进行绝缘电阻测试。待数据稳定后读取绝缘电阻值。用2500V以上兆欧表进行测量，读取1min时的绝缘电阻值，数据记录员并记录好。

（5）根据现场情况进行试验接线。

1）按照试验接线图由一人接线，接线图如图5.14～图5.16所示。接线完后由另一人检查，内容包括试验接线有无错误，各仪表量程是否合适，试验仪器现场布局是否合理，试验人员的位置是否正确。

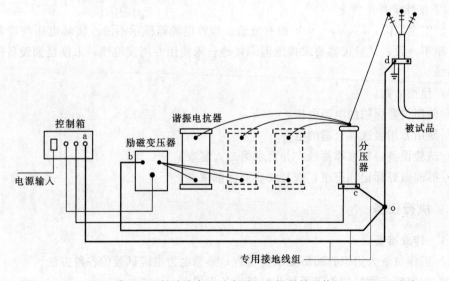

图 5.14　10kV 电缆试验现场接线布置示意图（电抗器并联使用，26.5kV 以内）

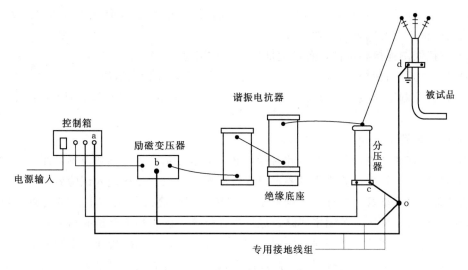

图 5.15　35kV 电缆试验现场接线布置示意图（此为一组电抗器，53kV 以内）

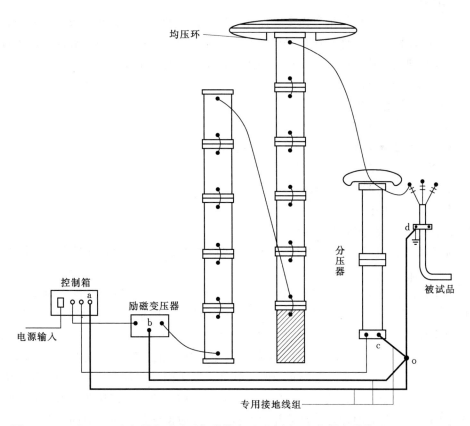

图 5.16　110kV GIS 电气设备试验现场接线布置示意图（电抗器串联使用，265kV 以内）

2）将电缆充分放电，指示仪表调零，调压器置于零位。

3）测量电源电压值并分清电源的火、地线，电源火、地线应与单相调压器的对应端子相接。

4）布置试验设备，检查设备的完好性，确认连接电缆无破损、断路和短路等现象。连接线路前检查应有明显的电源断开点。

5）按接线图连接各部件，各接地部件应一点接地。

6）检查控制箱面板上"电源"开关处于关断位置，连接电源线。

7）检查控制箱面板上"过压整定"拨码开关，按动拨盘，使显示的整定值为试验电压的 1.05～1.1 倍。

8）试验装置基本操作。

①开机。接通"电源"开关，此时绿灯亮，屏幕显示厂名及参数设置界面。

②参数设置。根据试验规程及要求设置各项参数，设置完毕进入试验界面。

③试验。自动试验：按红色"高压通"按钮，红灯亮绿灯灭，主回路接通，开始调谐、升压、计时、降压、关闭主回路、绿灯亮红灯灭、屏幕切换至试验结果。

手动试验：按红色"高压通"按钮，红灯亮绿灯灭，主回路接通，手动调谐、手动升压、自动计时、手动降压、按绿色"高压断"按钮、绿灯亮红灯灭、关闭主回路、屏幕切换至试验结果。

④数据处理。在试验结果界面中，保存数据，再返回屏幕切换至参数设置界面。

将专用打印机（选配件）连接到控制面板的通信口上，在参数设置界面中进入数据查询界面，查阅到相关数据后可选择打印功能在打印机上打印出相关数据。

9）显示屏界面功能及其操作。

①参数设置操作步骤：

a. 开机后屏幕自动进入"参数设置"界面。

b. 旋转功能旋钮，移动光标至某个参数上。

c. 按一下功能旋钮，该参数即闪烁。

d. 旋转功能旋钮改变该参数内容。

e. 按一下功能旋钮确认更改后的参数。

f. 重复步骤 a～d 设置另一参数。

g. 旋转功能旋钮屏幕进入"试验界面"，更改的参数得以保存在非易失存储器内。

②参数描述：

a. 设定高压。可由用户任意设置，在"试验界面"中显示该参数供实时参考。试验过程中，当实际高压测量值达到"设定高压"设置值时，屏幕上的计时器自动开始计时。

b. 过电压整定。设置范围为大于等于 1.1 倍"设定高压"值，当该参数小于 1.1 倍"设定高压"值时，软件自动调整到 1.1 倍"设定高压"值。试验过程中，当实际高压测量值达到及超过"过电压整定"设置值时，软件自动关闭控制箱主回路，切断高压输出。

c. 设定时间。设置范围为小于 99min。试验过程中，当实际高压测量值达到"设定高压"设置值时，屏幕上的计时器自动开始计时。当计时值到达"设定时间"时，在手动模式中有蜂鸣声及屏幕字符提示用户；在自动模式中，则开始自动降压。

d. 试验模式。有手动和自动两种试验模式。

手动试验模式：进入"试验界面"后，通过自动调谐或手动调谐、手动调节升压、自动计时、手动降压等完成试验，电压回零后按绿色"高压断"按钮，屏幕切换到"试验结果"界面。

自动试验模式:进入"试验界面",用功能旋钮选择"开始"后,自动升压至"设定高压"值,自动开始计时,计时值到达"设定时间"时自动降压至零,并自动将屏幕切换到"试验结果"界面。

e. 频率模式。变频 30~300Hz,控制箱输出频率范围为 30~300Hz;工频 50Hz,控制箱输出频率为固定 50Hz;变频 45~65Hz,控制箱输出频率范围为 45~65Hz。

f. 对比度。该参数为调整液晶显示屏的对比度,调整范围为 0~255,参数增大为屏幕变深,减少为变淡。但鉴于显示屏幕的显示性能,系统预设的可保存范围是 176~204,自动恢复后的默认值为 188。

g. 数据查询。从该窗口可进入"数据查询"界面。

h. 日期时钟。显示实时日期及时钟。

i. 分压器设置。如成套装置所配的是单节分压器,则无该项选择。如是多节分压器,在进入"试验界面"前自动显示出分压器选择界面,用户根据实际使用的分压器节数作相应的选择。在试验界面中试验电压参数栏内右侧,有两条或三条标记,黑块的条数表示了所选分压器的节数,即实际使用分压器的节数必须与之相同,否则将造成严重危害。该功能仅为配有多节分压器的设备所特有。

注意:如选择错误,则试验电压的测量值与实际值会很悬殊,将导致严重后果。

10)试验界面操作。

①手动试验。手动试验操作顺序:进入试验界面后按红色"高压通"按钮,此时红灯亮,绿灯灭。手动调谐时先调节电压,使指针电压表指示在约 20V 电压,手动调节频率,使屏幕中的试验电压达到最大值,再调节电压使试验电压升至设定电压,计时器自动计时到设定时间并提示,调节电压使试验电压降至零,按绿色高压断按钮红灯灭绿灯亮,屏幕自动切换到"试验结果"界面。

②自动调谐。选择自动调谐功能开始自动调谐,指针电压表约有 20V 电压指示,调谐时按频率模式所选的频率范围从低到高进行频率扫描,频率到达最高点后继续在谐振点附近进行精确调谐。在自动调谐时可多按一次功能旋钮即取消该操作。启动自动调谐时,必须是屏幕进入试验界面后未顺时针旋动电压调节旋钮,否则禁止自动调谐。

③手动调谐。每旋转一格频率旋钮,频率改变一个步进量(即调节细度,通常为0.1Hz),顺时针为频率升高,反之为下降。再按动频率旋钮则为快速改变,按住数秒后开始更快速改变,改变的方向视之前旋转的方向而定。当频率到达上限时,继续顺时针旋转频率旋钮则为无效,而按动频率旋钮则可将频率值切换到下限;当频率到达下限时,继续逆时针旋转频率旋钮则为无效,而按动频率旋钮则可将频率值切换到上限。

④电压调节。顺时针旋转电压旋钮为升压,反之为降压。调节速度由屏幕中"试验电压"字符下面的箭头确定,三个箭头为粗调,两个为细调,一个为微调,按动电压旋钮可切换调压速度。当试验电压达到设定电压并停止调整后,系统能自动跟踪稳定试验电压,如又手动调整了试验电压,则系统按新的试验电压值进行跟踪。

⑤计时。分手动计时和自动计时两种功能。在试验电压还未达到设定电压时,可进行手动计时,用功能旋钮选择计时功能开始计时,可通过停止按钮令计时停止,可选择继续

按钮累加计时，或选择清除功能计时值清零，当试验电压达到设定电压时，自动清零并开始计时，计时值达到设定时间时蜂鸣器及信息提示进行降压操作。

⑥存频。将当前的输出频率值存储到内存中。

⑦取频。将保存的频率值调出作为当前的输出频率。该操作必须是屏幕进入试验界面后未顺时针旋动电压旋钮，否则禁止取频。当取出的频率值超出所选择的频率范围，则该操作无效。

11）自动试验。进入试验界面后按红色"高压通"按钮，此时红灯亮，绿灯灭。用功能旋钮选择开始自动试验，试验顺序是自动调谐、自动升压、试验电压到达设定电压后自动开始计时并自动跟踪电压、计时值达到设定时间后自动降压、试验电压回零后自动关闭主回路、红灯灭绿灯亮、屏幕切换到"试验结果"界面。如需终止试验，则按绿色高压断按钮强行中断，屏幕切换到"试验结果"界面。

12）试验结果及数据查询功能。

①试验结果。试验完毕或试验中断后，屏幕切换至"试验结果"界面。"试验结果"界面中显示以下内容：

a. 试验电压。"加压时间"自动计时完毕或中断时的电压值，括弧中的为设定电压。

b. 加压时间。实际加压的时间，括弧中的为设定时间。

c. 试验频率。即加压时的频率值。

d. 试品电流。即高压回路的电流值。

e. 试验结果。如试验时无异常且达到预定加压时间，则结果为通过；如试验过程中因某种原因而终止试验，则该项显示中断的信息，中断信息有放电保护、高压过电压、低压过电压、低压过电流、失谐保护、过热保护。

f. 试验日期。"加压时间"自动计时完毕或中断时的日期和时间。

用功能旋钮选择保存功能，则该屏幕中的参数保存在内存中，可反复调用。无需保存，则选择"返回"切换至参数设置界面。

②数据查询。从参数设置界面中找到"数据查询"项，选择"进入"后屏幕显示最近保存的一组数据信息。旋转功能旋钮可向前或向后按页翻动数据信息。此时按动一次功能旋钮，提示框提示返回或打印，如打印则从面板的通信端口输出到专用打印机。本机内存共可存储50页数据，存满后每保存一次则删除最早的一页。

（6）数据记录人员记录数据。

（7）降压至零，断开试验电源。

（8）迅速调节升压按钮回零，断开"高压通"按钮，断开设备电源开关，拉开电源刀闸，对被试设备和高压发生器放电。

（9）测量试验后的电力电缆绝缘电阻。

（10）清理现场。

5.3.5.3　测量注意事项

（1）电源无指示、屏幕无显示外部供电线路故障，电源线断路，控制箱内辅助变压器上的熔丝管开路。

（2）自动调谐禁止旋转电压旋钮后再操作该功能。

（3）取频操作禁止逆时针旋转电压旋钮后再操作该功能。

（4）找不到谐振点调谐时，控制面板上的指针电压表应有一定的偏转；谐振频率超出上限，被试品电容量太小，负载两侧并联补偿电容；谐振频率低于下限，被试品电容量太大，取合适的电抗器并联组合；试验回路接线错误、回路未接通；测量系统故障，用其他标准分压器监视。

（5）控制面板上的指针电压表偏转已较大，但试验电压仍较低试品的 Q 值较低，如有一定的漏电损耗；改变励磁变压器的匝比，由原来二次并联改为串联。

（6）试验电压已较高，但控制面板上的指针电压表偏转仍较低，改变励磁变压器的匝比，由原来二次串联改为并联。

（7）谐振电源产品大多都是高压试验设备，要求由高压试验专业人员使用，使用前应仔细阅读使用说明书，并经反复操作训练。

（8）操作人员应不少于 2 人。使用时应严格遵守本单位有关高压试验的安全作业规程。

（9）为了保证试验的安全正确，除必须熟悉本产品说明书外，还必须严格按国家有关标准和规程进行试验操作。

（10）各连接线不能接错，特别是接地线不能接错，否则可导致试验装置损坏。

5.3.6 结束任务

（1）清理工作现场，拆除安全围栏，将工器具全部收拢并清点。

（2）检查被试验设备上有无遗留工器具和试验有无导地线。

（3）做好试验记录，记录本次试验内容，有无遗留问题以及判断试验结果。

（4）会同验收人员对现场安全措施及试验设备的状态进行检查，并恢复至工作许可时状态。

（5）经全部验收合格，做好试验记录后，办理工作终结手续。

5.3.6.1 小组总结会

小组召集全体工作人员参加班后小组总结会。总结回顾本次工作情况。由工作负责人交代本次工作完成情况、注意事项、存在问题及处理意见。最后填写设备维护记录。

5.3.6.2 编制任务报告表

任务报告由数据记录人员负责填写。参加实验的实验人员在报告上分别签名。本次试验报告见表 5.21。

表 5.21 串联谐振装置试验报告表

试验品对象		一次对地绝缘电阻/MΩ	电抗器节数与串、并联方式	激励变压器输出端选择/kV
电缆型号				
电缆位置				

结论：根据 GB 50150—2006，试验结果：_____

试验员：_____ 试验负责人：_____

_____年_____月_____日

5.3.7　知识链接

1. 电力电缆串联谐振交流耐压试验的原理

如图 5.17 所示，在回路频率 $f = 1/2\pi\sqrt{LC}$ 时，回路产生谐振，此时试品上的电压是励磁变压器高压端输出电压的 Q 倍。Q 为系统品质因数，即电压谐振倍数，一般为几十到 100 以上。先通过调节变频电源的输出频率使回路发生串联谐振，再在回路谐振的条件下调节变频电源输出电压使试品电压达到试验值。由于回路的谐振，变频电源较小的输出电压就可在试品 C_x 上产生较高的试验电压。

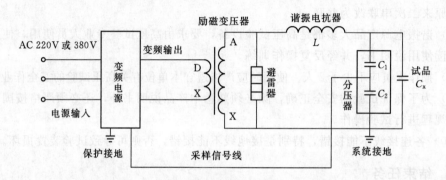

图 5.17　电力电缆串联谐振交流耐压试验的原理

变频式串联谐振试验装置由调频电源、励磁变压器、谐振电抗器和电容分压器组成。

被试品的电容与电抗器构成串联谐振回路，分压器并联在被试品上，用于测量被试品的谐振电压值，并作为过电压保护信号。调频调压的功率经励磁变压器耦合给串联谐振回路，提供串联谐振的励磁功率。

谐振电压即为加到试品上的电压。

2. 试验装置的组成

串联谐振耐压装置主要由变频控制器、励磁变压器、高压电抗器、高压分压器等组成。

（1）变频谐振电源。变频串联谐振系统的核心设备，其作用是将 AC 220V/380V，50Hz 电源变为频率可调、电压可调，同时集保护、控制、监测功能于一体。

变频控制器又分两大类：20kW 及以上为控制台式，20kW 以下为便携箱式；为整套设备提供电源。

（2）励磁变压器。励磁变压器的作用是将变频电源输出的电压升到合适的试验电压。

（3）谐振电抗器。又称高压电抗器，主要作用是与试品发生串联谐振。电抗器可串联或并联，可满足多种试验要求。

（4）高压分压器和补偿电容器。高压分压器主要用于测量试品上的高压电压值。补偿电容器主要用于补偿小电容试品，使谐振频率达到规定范围。

3. 操作方法

试验前，首先应根据被试品确定试验电压，测量或查阅确定试品电容量；然后选择适当参数（电感量、额定电流、额定电压）的谐振电抗器及数量，进行试验接线。

（1）对被试品进行充分放电并接地，做好相关安全措施，拆除对外所有引线。

（2）测量被试品绝缘电阻，其值应正常。

（3）合理布置试验设备，检查谐振电抗器是否安放稳固。将励磁变压器、谐振电抗器和被试设备的外壳及分压器接地端接地。

（4）按图接线，并检查接线和分压器挡位。检查试验电源的容量应符合试验要求。先合上试验电源开关，再合上变频电源的控制电源和工作电源开关，稳定后合上变频电源主回路开关，设定保护电压为试验电压的 1.1～1.2 倍。

（5）开始升压，必须按规定的升压速度从零开始均匀地升压，先旋转电压调节旋钮，把输出电压调节到试验电压的 3%～5%，通过旋转频率调节旋钮改变系统频率的大小，观察励磁电压和试验电压的数值。当励磁电压为最小、同时试验电压为最大时，这个时候的频率就是系统的谐振频率。

（6）系统谐振后，按要求均匀调节电压至试验电压，升压过程中应密切监视高压回路，监听被试品有无异响，到达试验时间后，将电压降到零，切断主回路、控制回路和工作电源开关，拉开试验电源开关，对被试品进行充分放电，试验结束。

注意：纯正弦变频电源输出与负载匹配很好才能获得最大输出。试验时若输出电流、电压不能满足试验要求，应反复调整励磁变压器低压侧和高压侧抽头，使变频电源输出电压最高为止。变频电源输出电压最好不低于额定输出电压的 50%。

4.试验注意事项

（1）使用谐振高压试验设备前应仔细阅读使用说明书，并反复进行操作训练。

（2）操作人员不少于 2 人。使用时应严格遵守有关高压试验的安全作业规程。

（3）为了保证试验的安全正确，除必须熟悉本产品说明书外，还必须严格按有关标准和规程进行试验操作。

（4）各连接线不能接错，特别是接地线不能接错，否则可导致试验装置损坏。

（5）试验电源的容量必须满足试验要求。

（6）为减小电晕损失，提高 Q 值，高压引线宜采用大直径金属软管，并尽量短。

（7）试验装置的过电流、过电压保护必须灵敏可靠，励磁变压器高压侧应装避雷器。

（8）试验时必须在较低电压下调整谐振频率，然后才可以升压进行试验。

（9）湿度对品质因数值影响很大，因此试验应在干燥的天气情况下进行。

5.对试验结果的分析判断

（1）试验中如无破坏性放电发生，则认为通过耐压试验。

（2）在升压和耐压过程中，如发现电压表指针摆动很大，电流表指示急剧增加，电压往上升方向调节电流上升、电压基本不变甚至有下降趋势，被试品冒烟、出气、焦臭、闪络、燃烧或发出击穿响声（或断续放电声），应立即停止升压，降压停电后查明原因。

如查明是绝缘部分出现这些现象的，则认为被试品交流耐压试验不合格。

如确定被试品的表面闪络是由于空气湿度或表面脏污等所致，应将被试品清洁干燥处理后，再进行试验。

被试品为有机绝缘材料时，试验后应立即触摸表面，如出现普遍或局部发热，则认为绝缘不良，应立即处理后，再做耐压试验。

6. 交联聚乙烯电缆主绝缘的交流耐压试验采用串联谐振的优点

(1) 应用串联谐振进行交流耐压试验，省去了传统交流耐压试验中的大功率调压装置，很大程度上减少了实验设备的体积和重量，为试验的开展提供了方便。

(2) 谐振电源是谐振式滤波电路，能改善输出电压的波形畸变，获得很好的正弦波形，有效地防止了谐波峰值对试品的误击穿。

(3) 对于传统交流耐压试验，当被试品存在绝缘缺陷，试验中绝缘弱点被击穿，此时的击穿电流较之试验电流增大几十倍，造成故障点烧损扩大故障范围，给绝缘缺陷的分析带来很大困难。串联谐振装置不存在这方面问题，发生击穿时，由于试品电容量的改变，试验电路立即脱谐，回路电流瞬间变小，既找到了故障点，又避免了故障点的烧损。

7. 推荐采用交流耐压取代直流耐压

随着国民经济的发展以及城网供电电压等级的提高，交联聚乙烯绝缘电力电缆（XLPE）以其合理的工艺和结构，优良的电气性能和安全可靠的运行特点，在国内外获得越来越广泛的使用。尤其在高压输电领域更取得了巨大的进展。与充油电缆相比，交联电缆敷设安装方便，运行维护简单，不存在油的淌流问题。但是，交联聚乙烯电缆的绝缘在运行中易产生树枝化放电，造成绝缘老化破坏，严重影响了交联聚乙烯绝缘电力电缆的使用寿命。因此，充分认识交联电缆的绝缘特性，及时有效地发现和预防绝缘中存在的某些缺陷，对保障设备乃至系统的安全运行具有十分重要的意义。

为了保证电缆安全可靠运行，有关的国际标准对电缆的各种试验作了明确的规定。主要试验项目包括：测量绝缘电阻、直流耐压和泄漏电流。其中测量绝缘电阻主要是检验电缆绝缘是否老化、受潮以及耐压试验中暴露的绝缘缺陷。直流耐压和泄漏电流试验是同步进行的，其目的是发现绝缘中的缺陷乃至造成电缆的绝缘隐患。国外 10kV 电压等级的 XLPE 电缆中，多次发生故障；国内也曾多次发生电缆事故，相当数量的电缆故障是由于经常性的直流耐压试验产生的负面效应引起的。因此，国内外有关部门广泛推荐采用交流耐压取代传统的直流耐压。

20 世纪 80 年代至 90 年代中期，加拿大、德国、美国等先进国家制定了相应的交流耐压试验标准并推广应用。从 90 年代末开始，我国的广东、北京、上海、浙江、山东等地出台了对 XLPE 电缆做交流试验的暂行规定。《电气装置安装工程 电气设备交接试验标准》推荐采用变频串联谐振耐压方式。

本任务适用范围是 10kV 电压等级以上的交流耐压试验。

项 目 小 结

本项目主要讲述了电力电缆的作用、类型、绝缘材料的结构；电力电缆的适用场合等特点。还介绍了电力电缆试验的意义、项目、试验方法和试验注意事项。

电力电缆按照绝缘类型可分为油浸纸绝缘电力电缆、塑料绝缘电力电缆、橡皮绝缘电力电缆。其主要有绝缘电阻测量、直流耐压、泄漏电流、交流耐压试验。

习　题

1. 电力电缆绝缘电阻试验方法步骤是怎样的？其试验测量结果应如何分析？

2. 电力电缆绝耐压试验主要采取哪几种试验方法？各试验方法的适用范围和注意事项有什么要求？

3. 交联聚乙烯电缆主绝缘的交流耐压试验采用串联谐振的优点主要有哪些？

4. 简述电力电缆串联谐振交流耐压试验的原理。

5. 电力电缆串联谐振交流耐压试验的主要设备的是什么？设备又是怎么进行接线的？试验方法和步骤是什么？

项目6 过电压及防护

【学习目标】

学习电力系统过电压现象和原因；外部过电压即雷电过电压的形成，对电力系统电气设备的危害；电力系统防雷的主要措施，避雷针、避雷器的防雷方案；接地及接地装置的作用；电力系统的绝缘配合等知识。学会借助各种渠道查阅有关资料的能力；学会整理资料的能力；学会制定工作计划、方案的能力；学会编制工作报告的能力。培养独立工作的素质；培养团队合作的精神。

【项目导航】

本项目创建了5个学习情境，设置了5个工作任务，分别是测量接地装置阻抗、设计避雷针布置方案、评价输电线路防雷性能、设计变电所避雷器保护方案、确定输电线路绝缘水平。要求通过查阅有关资料、现场勘查、团队合作来完成任务，从而达到学习目标。

任务6.1 测量接地装置阻抗

【任务导航】

本任务创建了变电所测量电气设备接地电阻的学习情境，要求会利用接地阻抗测试仪测试电气设备接地装置的接地阻抗，用以判断该系统防护过电压特别是雷电过电压的能力，要求能根据接地装置的结构正确布置接线，能测量出接地装置阻抗值，并根据规程判断该接地装置是否合格。

6.1.1 准备相关技术资料

1. 主要内容

大地是个容量无限大的良导体，所以考虑在电气设备遭受过电压时，为了将过电压、过电流限制在较低的幅值范围，通常将地面上电气设备外壳或限压装置通过金属导体与大地相连，尽量使地面上的物体与大地保持等电位，这就是接地；与大地接触的那部分装置即为接地装置。但实际上大地也并非理想导体，由于土壤本身有一定的电阻率，所以一定面积的地面上也就不再是等电位的。埋入土壤中的金属导体在有电流流过的时候也就不一定能和大地的每一个点都等电位。当然，希望该接地装置在土壤中的阻抗越小越好，这样才能起到限制过电压、引导过电流流入大地的作用。所以要通过测量其阻抗值的大小来衡量是否能起到防雷限制过电压的作用。

将接地电阻测试仪作为接地装置阻抗值的测量仪表。它的基本原理是采用三点式电压落差法。其测量手段是在被测地线接地桩一侧地上打入两根辅助测试桩，要求这两根测试桩位于被测地桩的同一侧，三者基本在一条直线上，距被测地桩较近的一根辅助测试桩距离被测地桩 20m 左右，距被测地桩较远的一根辅助测试桩距离被测地桩 40m 左右。测试时，将挡位打在 3P 挡位。按下测试键，此时在被测地桩和辅助测试桩之间可获得一电压，仪表通过测量该电流和电压值，即可计算出被测地桩的地阻。

2. 规程有关条目

（1）《电气装置安装工程 电气设备交接试验标准》规定：

1）电气设备和防雷设施的接地装置应测试接地网电气完整性和接地阻抗。

2）独立避雷针接地阻抗不宜大于 10Ω；露天配电装置的集中接地装置及独立避雷针（线）接地阻抗不宜大于 10Ω。

（2）《电力设备预防性试验规程》规定：

1）独立避雷针（线）的接地电阻不宜大于 10Ω。

2）露天配电装置避雷针的集中接地装置的接地电阻不宜大于 10Ω。

3. 原始资料

还应找出该接地装置施工资料，了解该接地装置具体的形状、布置方式，以便决定正确的接线方式。

6.1.2 成立工作班组

根据班级具体人数分成若干个工作班组，每组人数在 3～6 人为宜。

（1）选定 1 名工作组组长。负责组织开展工作，收集所有工作资料，组织工作组讨论工作方案、编制接线图、记录单等。

（2）选定 1～2 名安全监督员。负责监督工作期间的安全措施是否到位，防止发生违反安全生产的行为，保证工作班组成员和仪器设备的安全。

（3）选定操作员。工作班其余人员为操作员，轮流或协助操作，完成工作任务。

工作班各岗位可轮流担任，尝试不同岗位责任和任务技能。

6.1.3 准备设备器具

（1）接地阻抗测试仪。用于测量接地装置的阻抗值。

（2）地网测试线及接地桩。应准备电流测试线和电压测试线。长度要求符合：电流线为地网对角线长度的 4～5 倍；电压线为地网对角线长度的 2～3 倍。

（3）常用工具 1 套。

（4）安全器具。

6.1.4 安全工作要求

（1）在该项工作中，可能会有其他班组工作人员在被试地网地面上的设备上工作，有触电的危险；应严格执行工作票、工作许可制度以及加强工作监护，与其他班组相互协调，所有人员撤离到安全地方后，再开始试验。

（2）加压测试过程中人触碰电压线、电流线、电压极、电流极，有触电危险；升压过程中保持足够距离；电压线沿线、电流线、电压极、电流极应分别设专人看守。

6.1.5 执行任务

（1）工作组组长负责办理许可手续。

（2）工作组组长布置安全措施并向工作组成员交代、落实安全措施。

（3）工作组组长召开班前会，组织组员检查设备，进行工作分工。

（4）查看局部地网的图纸，现场确定地网长宽尺寸。

（5）选择引流点。一般选择在地网测量井、主变接地引下线、避雷器接地引下线的某一处。

（6）根据现场确定测试线布线方向。要求：测试放线方向的土壤应与接地装置土壤接近，测试线布线路径应远离各种金属管路、电缆沟、运行中的输电线路，当与其交叉时可垂直跨越，避免与之长段并行。如有架空地线与主地网相连的要拆除其连接。

（7）布置电压极、电流极走线及地桩。要求电流极与被试接地网边缘的距离应为被试接地网最大对角线长度的 4～5 倍。电压极则在离接地装置边缘 2～3 倍最大对角线长度处；电极应插入土壤中 20cm 以上，检查电极与土壤接触情况，要求紧密接触。

（8）电流线和电位线应保持 5m 以上的距离，以减少互感耦合对测试结果的影响。

（9）组长带领组员再次检查仪器、布线是否正确。

（10）接通工作电源，操作测试仪，开始测量，读取数据后切断仪器电源开关。

（11）改换接线或拆除试验接线。移动电压极重复测试。直线法一般取 0.50、0.55、0.60 倍电流极的距离。

（12）测得的三次接地阻抗测量值应接近，根据电压极换点测取的结果选取三处测试结果的平均值作为最终测试数据。

（13）记录数据，切断工作电源，清理现场。

6.1.6 结束任务

（1）小组总结会，汇报任务执行情况；教师点评；小组间互评；分析任务过程、结果、原理、方法，总结经验。

（2）编制任务执行情况表、任务结果报告表。

6.1.7 知识链接

6.1.7.1 接地装置

大地是个无限大容量的良导体，所以考虑在电气设备遭受过电压时，为了将过电压、过电流限制在较低的幅值范围，通常将地面上电气设备外壳或限压装置通过金属导体与大地相连，尽量使地面上的物体与大地保持等电位，即电气设备的任何部分与大地之间作良好的电气连接，称为接地。而埋入地中并直接与大地接触的金属导体，称为接地体或接地极。连接于接地体与电气设备接地部分之间的金属导线，称为接地引下线或接地线。接地线与接地体合称为接地装置。由若干接地体在大地中相互用接地线连接起来的一个整体，则称为接地网。

接地的作用主要是：防止人身遭受雷击。将电气设备在正常情况下不带电的金属部分与接地极之间作良好的金属连接，以保护人身安全，防止人身遭受电击。保障电气系统正常运行。电力系统接地一般为中性点接地，中性点的接地电阻很小，因此中性点与地间的电位接近于零。系统由于有了中性点的接地线，也可保证继电保护的可靠性。防止静电的危害，由各种原因产生的静电电荷可通过接地泄放到大地中，使设备外壳不至于产生高电位。

布置好接地装置后，在运行或故障情况下，会有电流从接地引下线流入接地体中，则从带电体流入地下的电流即属于接地电流。因为土壤本身有一定的电阻率，大地并不是理想导体，所以当有电流流过时大地就不是等电位。接地电流流入地下以后，就通过接地体向大地呈半球形散开，这一接地电流就称为流散电流。流散电流在土壤中遇到的全部电阻称为流散电阻。电流通过接地体向大地呈半球形流散。在距接地体越远的地方球面越大，所以流散电阻越小。一般认为在距离接地体 20m 以上，电流就不再产生电压降了。或者说，至距离接地体 20m 处，电压已降为零。通常所说"地"就是指该点的地。按通过接地体流入地中的工频电流求得的电阻，称为工频接地电阻，通常简称接地电阻；按通过接地体流入地中的冲击电流求得的电阻，称为冲击接地电阻。接地电阻是接地体的流散电阻与接地线电阻之和。接地线电阻一般很小，可以忽略不计。因此，可以认为流散电阻就是接地电阻。通常所说的对地电压，即带电体同大地之间的电位差。也是指离接地体 20m 以外的大地而言的。简单地说，对地电压就是带电体与电位为零的大地之间的电位差。

接地电流自接地体流散，在大地表面形成不同电位时，地面上的设备外壳、构架或墙壁与水平距离之间存在电位差，称为接触电势。而当设备绝缘损坏时，人的身体可能同时触及该设备两部分而出现电位差，称为接触电压。如人在发生接地故障的设备旁边，手触及设备的金属外壳，脚踩大地，则人手与脚之间所呈现的电位差即为接触电压。

在大电流流经的地面上，水平距离足够长（一般 0.8m 以上）的两点之间会存在电位差，此称为跨步电势。人站立在流过电流的大地上，加于人的两脚之间的电势形成的电压，称为跨步电压。人的跨步一般按 0.8m 考虑。紧靠接地体位置，承受的跨步电压最大；离开了接地体，承受的跨步电压小一些，离开接地体 20m 以外，跨步电压接近于零。

用来作为人工接地体的一般有钢管、角钢、扁钢和圆钢等钢材。如有化学腐蚀性的土壤中，则应采用镀锌钢材或铜质的接地体。人工接地体有垂直埋设和水平埋设两种基本结构型式，接地体宜垂直埋设；多岩石地区接地体可水平埋设。接地体的布置根据安全、技术要求，因地制宜，可以组成环形、放射形或单排布置。

发电厂和变电所常采用以水平接地体为主的复合接地体，即人工接地网。以水平接地体为主的大面积接地网有均压、减小接触电压和跨步电压的作用，又有散流作用，可较有效地降低接地电阻。复合接地体的外缘应闭合，并做成圆弧形。埋入土中的接地棒之间用扁钢带焊接相连，形成地下接地网。扁钢带敷设在地下的深度不小于 0.3m，扁钢带截面不得小于 48mm^2，厚度不得小于 4mm。装设保护接地时，为尽量降低接触电压和跨步电压，应使装置地区内的电位分布尽可能均匀。为了达到此目的，可在装置区域内适当地布置钢管、角钢和扁钢等，形成环形接地网。

屋内接地网是采用敷设在电气装置所在房屋每一层内接地干线组成，各层接地干线用几条上下联系的导线互相连接。屋内接地网在几个低点于主接地网相。接地干线采用扁钢或圆钢，扁钢的厚度应不小于 3mm，截面应不小于 24mm²，圆钢的直径应不小于 5mm。

接地线是接地装置中的另一组成部分。在设计接地线中为节约有色金属、减少施工费用，可选择自然导体作为接地线。当自然导体在运行中电气连续性不可靠或有发生危险的可能，以及阻抗较大不能满足接地要求时，考虑采用人工接地线或增设辅助接地线。人工接地线一般采用钢质扁钢或圆钢接地线；当采用钢质线施工安装困难时，也可采用有色金属作人工接地线，但铝线不能作为地下的接地线。接地线应该敷设在易于检查的地方，并应有防止机械损伤及防止化学作用的保护措施。从接地体或从接地体连接干线引出的接地干线应明设，并涂漆标明，穿越楼板或墙壁时，应穿管保护；接地干线要支撑牢固；若采用多股导线连接时，要采用接线耳。从接地干线敷设到用电设备的接地支线的距离越短越好。接地线相互之间及接地体之间的连接应采用焊接，并无虚焊。接地线与电气设备的连接可采用焊接或用螺栓连接。接地线与接地体之间的连接应采用焊接或压接，连接应牢固可靠。电气装置中的每一个接地元件，应采用单独的接地线与接地体或接地干线相连接。

6.1.7.2　接地电阻

决定接地电阻的主要因素是土壤电阻率。常见的降低土壤电阻率的方法有：将接地装置附近置换成低电阻率的土壤；在埋设接地装置的地方浇以盐水；深埋接地体；附近一定距离内有水源时，可以将接地体延伸到有水源的地方埋设。附近有电阻率较低的土壤，可敷设引外接地体，以降低厂、所内的接地电阻。把进变电所线路的地线全部连接起来，电流通过地线散流，对降低接地电阻也是有效的。对于多年冻土的地区，电阻率极高，可将接地体敷设在溶化地带或溶化地带的水池或水坑中；敷设深钻式接地体，或充分利用井管或其他深埋在地下的金属构件作接地体；在房屋溶化范围内敷设接地装置；除深埋式接地体外，还应敷设深度约 0.5m 伸长接地体，以便在夏季地表层化冻时起散流作用；在接地体周围人工处理土壤，以降低冻结温度和土壤电阻率。

典型接地体的工频接地电阻计算：

垂直接地体（已知土壤电阻率、接地体长度和直径）

$$R = \frac{\rho}{2\pi l} \ln \frac{4l}{d}$$

水平接地体（已知接地体总长度、深度、直径、屏蔽系数）

$$R = \frac{\rho}{2\pi l} \left(\ln \frac{l^2}{dh} + A \right)$$

接地网（已知接地体总长度、总面积）

$$R = \frac{0.44\rho}{\sqrt{S}} + \frac{\rho}{l} = 0.5 \frac{\rho}{\sqrt{S}}$$

同一接地网在冲击和工频电流作用下，将具有不同的阻抗，用接地系数 $\alpha_i = \frac{R_i}{R}$ 表示。

任务 6.2　设计避雷针布置方案

【任务导航】

本任务创建一个学习情境，某一变电所需要设置避雷针作为防护直击雷的保护；任务要求通过对变电所面积尺寸、配电装置保护高度、当地气象信息的了解，作出避雷针保护的方案，目的是学习避雷针的作用、原理、结构等，以及厂站防直击雷的措施。

6.2.1　准备相关技术资料

（1）认识避雷针。雷电会给地面上的物体造成伤害，电力系统由于遍布面积广，特别容易遭受雷害。雷害一般又分为直击雷、感应雷和侵入波，根据雷害形式的不同，在发电厂、变电站这些电气设备集中的场所，对直击雷的防护措施通常是装设避雷针。避雷针要高于被保护的对象物体，其发挥的作用是吸引雷电在其本身放电，并将雷电由自身引下线和接地装置快速地泄入大地，所以在一定高度的避雷针下面，有一个安全区域，在这区域中的物体基本上不致遭受雷击，这个安全区域一般称为避雷针的保护范围。

（2）变电所地形面积，配电装置高度，当地气象资料。

（3）任务单。确定避雷针数量；确定避雷针位置；确定避雷针高度；确定和校验避雷针保护范围。

6.2.2　成立工作班组

成立设计小组，选定组长，由组长分工，确定每位组员有相应任务，每位人员负责搜集一个方面的资料，力求系统、完整。

6.2.3　执行任务

（1）初步选择避雷针数量，布置避雷针。

（2）根据保护高度初步确定避雷针高度。

（3）初步计算避雷针保护范围。

（4）校验避雷针保护范围。

（5）论证方案是否适用。

（6）修正避雷针数量、高度、位置。

（7）确定避雷针布置方案。

6.2.4　结束任务

（1）小组总结会。汇报完成任务情况。教师点评任务。各小组之间作横向对比，相互补充。

（2）编制任务执行记录、任务报告书。

6.2.5　知识链接

6.2.5.1　雷电

1. 雷电放电过程

雷电是一种自然现象，对雷电现象的研究表明，雷电其实质是超长气隙的放电。雷电放电可以是雷云与大地之间或带异号电荷的雷云之间。由于雷电现象的特殊性，人们对大气电学特别是闪电规律的认识，现在还处在很不成熟的阶段，主要原因之一是由于闪电现象的随机性，而且大气现象还与地理位置、地貌等有关。所以无论是在国内还是在国外，对防雷技术的看法还有很多意见。关于雷云中电荷产生的机理仍有各种各样的解释，至今尚无定论。但得到较多认同的是水滴分裂起电的观点。这个观点认为，在雷云形成过程中，气流携带着大量水蒸气上升，随着高度增加，在高空中由于温度越来越低，使水汽逐渐凝结成水滴，并进一步冷却成为冰晶，与此同时进行着水滴中电荷分离的复杂过程。

一种说法认为，水滴的冻结首先从表面形成冰壳，由此释放潜热传到内部，使内部仍暂时保持着液态，并且具有比外层冰壳高的温度。内部水滴由于温度高，具有较多的自由离子，它们在向低温的外壳迁移中，由于正离子（H^+）比负离子（OH^-）轻，速度快，所以使外部带正电，内部带负电。当内部也发生冻结时，水滴就膨胀分裂，外表皮分裂成许多带正电的小冰屑，随气流飞到云的上部，带负电的核心部分则停留在云的中、下部。事实上，会引起破坏作用的雷云对地放电的绝大多数（80%以上）是负极性的，即雷云中的负电荷对地放电。

雷云对大地放电通常包括若干次重复放电过程，每一次都由先导放电和主放电组成。第一次从雷云向大地发展的先导有逐级跳跃发展的性质，称为梯级先导。每一梯级的长度为 10～200m，平均 50m。梯级间的间隙时间为 10～100μs，平均 50μs。第一先导的传播速度为 (1～8)×10^{5}m/s，即约为光速的 1/1000。先导通道具有良好的导电性，因此带有与雷云同极性的多余电荷。雷云与先导的电荷在大地上感应出异号的电荷。当先导发展到接近地面时，就在通道端部出现高场强使空气强烈电离而产生高密度的等离子区，此区域沿先导通道自下而上迅速传播形成一条高电导率的等离子体通道，使先导通道以及雷云中的电荷与大地的电荷相中和。这就是主放电过程。主放电发展的速度比先导发展速度大得多，达到 1.5×10^7～1.5×10^{8}m/s（光速的 1/20～1/2）。在主放电发展的极短时间内（50～100μs），流过的电流可达到几十千安甚至几百千安。放电通道温度升高达到 2000℃以上，因而出现了强烈的闪光和声音（雷鸣）。

在主放电后照片上有一片逐渐暗淡的感光区域——余辉。经过短暂间歇后，沿原来的放电通道，又开始第二次放电。这时先导已不是梯级的而是连续发展的（直窜先导）。所以会出现重复放电，一般认为是由于雷云中存在几个电荷集结的中心。雷云本身不是良导体，电荷并不能在其中迅速移动。当一个地方的电荷放电以后，形成了电位差，才使附近其他中心的电荷转移过来进行第二次放电。统计表明，重复放电的次数多，多数情况下为 2～3 次，个别可多达数十次，相应的放电时间最长可达 1s 以上。

在先导向大地发展的同时，地面的高耸物体上由于出现感应电荷使局部电场增强，往往会产生向上发展的迎面先导，两个先导相会合时就开始主放电过程。在特高建筑物及高山上的雷电测量表明，在这些地方常常先发展向上的先导，到达雷云后转为主放电向下传播。

至于第一次先导的梯级性，现在趋向于认为是负先导本身的发展特点所决定的。因为不管是从雷云向下发展或从地面高耸物体向上发展的负先导，都具有梯级的性质。而不管是向下或向上发展的正先导，都没有这种特点。在实验室中对长间隙放电过程的研究表明，在棒—板间隙中从负棒产生的先导放电，也具有梯级的性质。

2. 雷电参数及雷电活动特性

雷击地面由先导放电转变为主放电的过程可以用一根已充电的垂直导线突然与大地接

通来模拟。当先导通道到达地面或与地面目标上发出的迎面先导相遇时，主放电即开始。如图 6.1 所示，朝上逆向发展的主放电通道头部高场强区的电离作用使通道的电导大大增加，从而使地面上的感应正电荷与来自雷云的负电荷迅速中和。与此同时，有峰值很高的主放电电流即雷电电流流过雷击点。显然，电流的值与先导通道的电荷密度及主放电的发展速度有关，并且受雷电通道的波阻抗及被击物体与大地（零电位面）之间的电阻的影响。

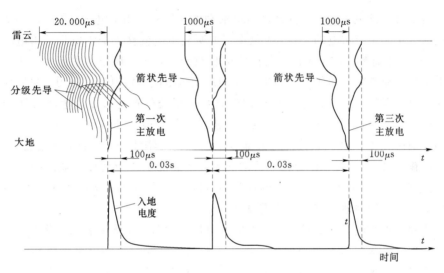

图 6.1 主放电过程示意图

关于雷电流的值。雷电流的峰值可以根据其磁效应用磁钢棒等测量装置测定。由于在实际测量雷电流的地点都有较低的接地电阻，电阻一般不超过 30Ω，而电通道波阻抗一般在 300Ω 以上，这样即可以认为测得的雷电流值与电阻无关。

关于雷电通波阻抗的值，过去根据把通道看作波在其上以光速传播的金属导体的假定，推得为 200～300Ω。后来的理论分析以及实际测量结果推断，一般约为数千欧，而且当雷电流及速度越小，就越大。

实际雷电流的峰值、陡度、波前时间和半峰值时间（波长）等都是一些随机量。进行防雷计算时需要知道的是它们的概率分布，而这些又都来自实际的测量统计资料，各个国家使用的不尽相同。我国电力设备过电压保护设计技术规程中所使用的有关参数如下。

（1）雷电流波形（图 6.2）。根据实测统计，雷电流的波前时间多数处在 1～5μs 的范围内，半峰值时间则在 20～100μs 的范围内变化。我国

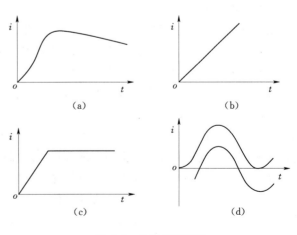

图 6.2 雷电流波形图

业内研究资料及相关标准建议，在线路防雷设计中，雷电流波前时间一般取 $2.6\mu s$，波头形状取斜角型。取这种简单的等值斜角波形是为了便于分析计算，对于一般的电力工程而言已够准确，这时雷电流陡度 a 和幅值 I 是线性相关的。

对于某些特殊高杆塔的防雷计算，可采用半余弦波前，这种波形多用于分析雷电流波前作用。因为用余弦波前计算雷电流通过电感时引起的压降比较方便。此时最大陡度发生在波前中间。

（2）雷电日与雷电小时。不同地区雷电活动的频繁程度用雷电日或雷电小时表示。雷电日是该地区 1 年中有雷电的天数，1 天中只要听到雷电就算 1 个雷电日。雷电小时则为 1 年中有雷电的小时数。由于不同年份的雷电日数变化较大，所以均采用多年平均值——年平均雷电日。通常将各地年平均雷电日绘制成全国范围的雷电日分布图，供防雷设计参考。国内外研究资料表明，各地年平均雷电日数和所处位置的纬度及距离海洋的远近有关。据介绍，北回归线（北纬 $23.5°$）以南，雷电日数一般在 80 以上。北纬 $23.5°$ 至长江以南大部分地区在 $40\sim80$。长江以北大部分地区，包括华北华东地区，多在 $20\sim40$。西北地区多数在 20 以下。为了区分雷电活动的频度和雷害的严重程度，业内把平均雷电日超过 90 的地区称为强雷区，超过 40 的称为多雷区，不足 15 的称为少雷区，而 $15\sim40$ 的可称为中雷区，以便因地制宜进行防雷设计。

（3）地面落雷密度。雷云对地放电的频度可用地面落雷密度来表示。落雷密度是指每个雷电日每平方千米地面上的平均落雷次数。根据输电线路上装设磁钢棒实测的结果分析。一般建议采用 $\gamma=0.015/(km^2 \cdot 雷暴日)$。由此可计算出线路年平均遭受雷击的次数如下：由于线路高出地面，可以将线路两侧一定宽度内的落雷吸引到线路上。如果认为一般高度线路的等值受雷面积宽度为 $10h$（h 为线路平均高度），则线路年平均遭受雷击的次数可按下式计算

$$N = \gamma \times \frac{10h}{1000} \times 100 \times T \tag{6.1}$$

式中　　N——线路受雷击次数，次/（100km·年）；

　　　　T——年平均雷暴日数，若取 $T=40$，$r=0.015$，则 $N=0.6h$ 次/（100k·年）。

6.2.5.2　避雷针

对直接雷击的防护措施，通常是采用接地良好的避雷针或避雷线。在雷雨天气，高楼上空出现带电云层时，避雷针和高楼顶部都被感应上大量电荷，由于避雷针针头是尖的，而静电感应时，导体尖端总是聚集了最多的电荷。这样，避雷针就聚集了大部分电荷。避雷针又与这些带电云层形成了一个电容器，由于它较尖，即这个电容器的两极板正对面积很小，电容也就很小，也就是说它所能容纳的电荷很少。而它又聚集了大部分电荷，所以，当云层上电荷较多时，当雷云向下发展先导放电到达离地面一定高度时，地面的感应电荷在避雷针（或避雷线，以下同）顶端形成局部场强集中的空间，以至有可能从这些地方发展向上的迎面先导，这就影响了下行先导的发展方向，使其对避雷针放电，避雷针与云层之间的空气就很容易被击穿，成为导体。这样，带电云层与避雷针形成通路，而避雷针又是接地的，避雷针就可以把云层上的电荷导入大地，使其不对高层建筑构成危险，保证了它的安全。由此可见，要避雷针起到保护作用，一方面要求避雷针必须很好接地，另

一方面要求被保护物体必须处在避雷针能提供可靠屏蔽保护的一定空间范围内,这就是避雷针的保护范围。

1. "折线法"确定避雷针的保护范围

我国采用的避雷针(线)保护范围主要是根据实验室中的模拟试验结果来确定的,并且经过多年实际运行的检验证明可靠。

(1)单根避雷针的保护范围。单根避雷针的保护范围是一个以避雷针为轴的近似锥体的空间,就像一个帐篷一样,如图6.3所示。它的侧面边界线原为一根曲线,近似地用折线代替。在被保护物高度 h_x 水平面上的保护半径 r_x 可按下式计算

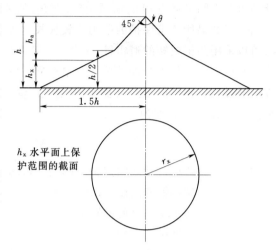

图 6.3 单根避雷针保护范围(折线法)

$$r_x = \begin{cases} h_a P & \left(h_x \geqslant \dfrac{h}{2}\right) \\ (1.5h - 2h_x)P & \left(h_x < \dfrac{h}{2}\right) \end{cases} \qquad (6.2)$$

式中　h——避雷针高度,m;

　　　h_a——避雷针的有效高度,$h_a = h - h_x$;

　　　P——考虑避雷针高度影响的校正系数。

$h \leqslant 30\text{m}$ 时,$P = 1$;$30 < h \leqslant 120\text{m}$ 时,$P = 5.5/\sqrt{h}$。

(2)两根等高避雷针的保护范围。两根避雷针当距离不太远时,由于两根针的联合屏蔽作用,使两针中间部分的保护范围比单针时有所扩大。图6.4表示两根等高避雷针的保护范围。两针外侧的保护范围按单针的方法确定。两针间保护范围的上部边缘应按通过两

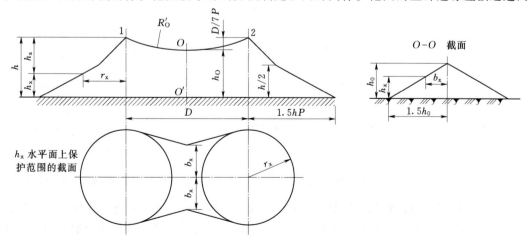

图 6.4 两根等高避雷针保护范围

针顶点及中间最低点 O 的圆弧确定。随着所要求保护的范围增大。单支避雷针的高度要升高，但如果所要求保护的范围比较狭长（如长方形），就不宜用太高的单根避雷针，这时可以采用两根较矮的避雷针。

每根避雷针外侧的保护范围和单根避雷针的保护范围相同；两根避雷针中间的保护范围由通过两避雷针的顶点以及保护范围上部边缘的一最低点 O 作一圆弧来确定。这个最低点 O 离地面的高度为

$$h_0 = h - \frac{D}{7P} \tag{6.3}$$

式中　h_0——两避雷针之间保护范围上部边缘最低点的高度，m；

　　　h——避雷针的高度，m；

　　　D——两避雷针之间的距离，m；

　　　P——高度影响系数。

两避雷针之间高度为 h_x 水平面上保护范围的一侧宽度 b_x 为

$$b_x = 1.5(h_0 - h_x) \tag{6.4}$$

当两避雷针间距离 $D = 7hP$ 时，$h_0 = 0$，这意味着此时两避雷针之间不再构成联合保护范围。

当单根或双根避雷针不足以保护全部设备或建筑物时，可装三根或更多根形成更大范围的联合保护，其保护范围在此不再赘述。为了保证两针联合保护的效果，《规程》指出，两根避雷针之间的距离 D 不宜大于 $5h$。

（3）两根不等高避雷针的保护范围。首先按单根避雷针分别作其保护范围；然后由低针 2 的顶点作水平线，与高针 1 的保护范围边界交于 3，3 即为一假想等高针的顶点；再求等高针 2 和 3 的保护范围，如图 6.5 所示。

（4）三根等高避雷针的保护范围。对于三根等高避雷针，所形成的三角形的外侧保护范围，分别按两根避雷针的方法确定。如果各相邻避雷针间保护范围的一侧最小宽度 $b_x \geqslant 0$，就认为整个三角形的面积都得到了保护。如图 6.6 所示。

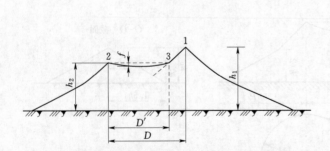

图 6.5　两根不等高避雷针保护范围

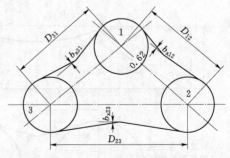

图 6.6　三根等高避雷针保护范围

（5）四根等高避雷针的保护范围。四根以及更多根等高避雷针的保护范围，可先将其分成两个或几个三角形，然后分别按三根等高避雷针的方法计算，外侧的保护范围各按两根等高避雷针的方法确定。

（6）单根避雷线的保护范围。其实可以把避雷线想象成是无数根避雷针的针尖的集

合，所以避雷线的保护范围与避雷针的保护范围是相似的，其保护范围（图 6.7）计算如下

$$r_{x}=\begin{cases} 0.47(h-h_{x})P & \left(h_{x}\geqslant \dfrac{h}{2}\right) \\ (h-1.53h_{x})P & \left(h_{x}<\dfrac{h}{2}\right) \end{cases} \qquad (6.5)$$

避雷线主要用于输电线路的直击雷防护，除了用图 6.7 来表示其保护范围外，更常用保护角的大小来表示其对导线的保护程度。所谓保护角，是指避雷线的铅垂线和避雷线与边导线连线之夹角。保护角越小，对导线直击雷保护越可靠，即雷击导线的概率越小。如图 6.8 中 a 即为避雷线保护角。

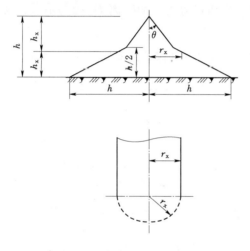

图 6.7　单根避雷线的保护范围
单根避雷线的保护范围（当 $h\leqslant 30m$ 时，$\theta=25°$）

图 6.8　避雷线的保护角

2. "滚球法" 避雷保护计算

"滚球法" 是国际电工委员会（IEC）推荐的避雷针保护范围计算方法之一。我国建筑防雷规范 GB 50057—1994《建筑物防雷设计规范》（2000 年版）也曾将 "滚球法" 强制作为计算避雷针保护范围的方法。滚球法是以 h_r 为半径的一个球体沿需要防止击雷的部位滚动，当球体只触及接闪器（包括被用作接闪器的金属物）或只触及接闪器和地面（包括与大地接触并能承受雷击的金属物），而不触及需要保护的部位时，则该部分就得到接闪器的保护。

应用滚球法，需要先确定滚球半径，我国有关标准规定的滚球半径见表 6.1。

表 6.1　　　　　　　　　　滚 球 半 径

建筑物防雷类别	滚球半径 h_r/m
第一类防雷建筑物	30
第二类防雷建筑物	45
第三类防雷建筑物	60

（1）单根避雷针的保护范围。当避雷针的高度 $h \leqslant h_r$（滚球半径）时，距地面 h_r 处作一条平行于地面的平行线，以避雷针的针尖为圆心，h_r 为半径画弧，交水平线于 A、B 两点，又分别以 A、B 两点为圆心，h_r 为半径，从针尖向地面画弧。如图 6.9 所示，则图中曲线就是避雷针保护范围的边界，保护范围是一个对称的锥体。

以图中 O 点为原点，地面为 x 轴，避雷针为 y 轴，建立直角坐标系。那么 B 点的坐标为 $\left(\sqrt{h_r^2-(h_r-h)^2},\ h_r\right)$ 即 $\left(\sqrt{h(2h_r-h)},\ h_r\right)$。那么，避雷针在高度为 h_x 的水平面上的保护半径为 $\left[r_x-\sqrt{h(2h_r-h)}\right]^2+(h_x-h_r)^2=h_r^2$。

当避雷针的高度 $h>h_r$ 时，在避雷针上取高度为 h_r 的一点代替单根避雷针针尖作圆心，其余做法同上。

（2）两根等高避雷针的保护范围。当两根避雷针的距离 $D \geqslant 2\sqrt{h(2h_r-h)}$ 时，各按单根避雷针的方法计算保护范围。

当两根避雷针的距离 $D < 2\sqrt{h(2h_r-h)}$ 时，其保护范围如图 6.10 所示。

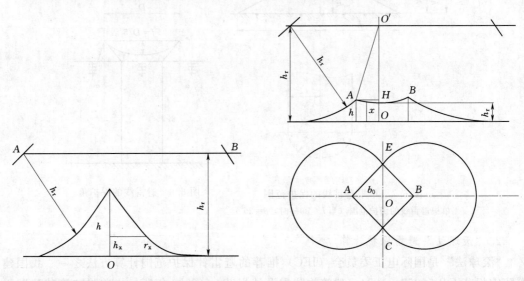

图 6.9　单根避雷针保护范围（滚雷法）　　图 6.10　两根等高避雷针保护范围

其画法是：

1）在 $AEBC$ 外侧的保护范围，按单根避雷针的方法确定。

2）在地面每侧的最小保护宽度 b_0 为 $\sqrt{h(2h_r-h)-\left(\dfrac{D}{2}\right)^2}$。

3）在 AOB 轴线上，O' 距地面高度为 h_r，以 O' 为圆心，$O'A$（$O'A=O'B$）为半径，在 A、B 两点间画弧。若以中心线 OO' 为 y 轴，地面为 x 轴，建立直角坐标系，则 O' 的坐标为 $(0,\ h_r)$，那么，距中心线任一距离 x 处，其保护范围边缘上的保护高度 h_x 可以由下式求得，即 $h_x=h_r-\sqrt{(h_r-h)^2+(D/2)-x^2}$。

（3）两根不等高避雷针的保护范围。当两根避雷针的距离 $D \geqslant \sqrt{h(2h_r-h)}+\sqrt{h_2(2h_r-h_2)}$ 时，各按单根避雷针的方法计算保护范围。

当两根避雷针的距离 $D < \sqrt{h(2h_r - h)} + \sqrt{h_2(2h_r - h_2)}$ 时，保护范围如图 6.11 所示。其做法如下：

1）在距离地面高度为滚球半径 $h_r d$ 水平面上找一点 O'，并使 $O'A = O'B$。

2）在地面上以避雷针 A 为圆心，$\sqrt{h_1(2h_r - h_1)}$ 为半径所作的弧与以 B 为圆心，$\sqrt{h_2(2h_r - h_2)}$ 为半径作的弧相交于 E、C 两点，如图 6.11 所示，则在 $AEBC$ 外侧的保护范围，按单根避雷针方法确定：在地面每侧的最小保护宽度 b_0 为 $\sqrt{h_1(2h_r - h_1) - D_1^2}$。

3）以 $\sqrt{(h_r - h_1)^2 + D_1^2}$ 为半径作圆弧 AB，该圆弧上任一点至地面高度为 $h_x = h_r - \sqrt{(h_r - h_1)^2 + D_1^2 - x^2}$。

4）在 $AEBC$ 内的保护范围的方法与两根等高避雷针的相同。

（4）矩形布置的四根等高避雷针的保护范围。在 $h \leqslant h_r$ 的情况下，当 $D_3 \geqslant 2\sqrt{h(2h_r - h)}$ 时，各按两根避雷针的方法确定保护范围。

当 $D_2 < 2\sqrt{h(2h_r - h)}$ 时，其保护范围如图 6.12 所示。

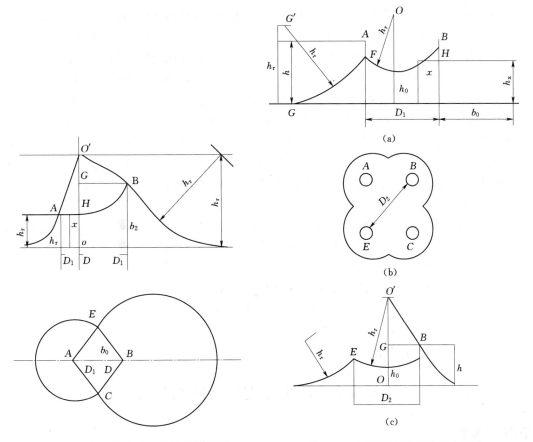

图 6.11　两根不等高避雷针的保护范围　　　图 6.12　四根等高避雷针保护范围

其作法如下：

1）四根避雷针外侧的保护范围各按两根等高避雷针的方法确定。

2）B、E 避雷针连线上的保护范围分别以 B、E 为圆心，h_r 为半径作弧线相交于 O' 点，如 BE 剖面图。又以 O' 为圆心，h_r 为半径，在 B、E 间作弧，这段弧即为针尖的保护范围。若以 B、E 垂直平分线为 y 轴，地面为 x 轴，建立直角坐标系，则该弧所在的圆方程为 $x^2+[y-\sqrt{h_r^2-(D_2/2^2)}-h]^2=h_r^2$，可知保护范围最低点为 $h_0=\sqrt{h_r^2-(D_2/2)^2}-h_r+h$。

3）分别以 A、B 两针之间的垂直平分线上的 O 点（距地面高度 h_r+h_0）为圆心，h_r 为半径作弧，如 AB 剖面图所示。与 B、C 和 A、E 两根避雷针所作出的该剖面的外侧保护范围延长圆弧相交于 F、H 点。若以避雷针 A 所在的直线为 y 轴，地面为 x 轴，建立直角坐标系，则 O 点的坐标为（$D_1/2$，h_r+h_0）。则 F 点位置及高度可按下列两式计算确定

$$(h_r-h_x)^2=h_r^2-(b_0+x)^2 \tag{6.6}$$

$$(h_r+h_0-h_x)^2=h_r^2-\left(\frac{D_1}{2}-x\right)^2 \tag{6.7}$$

3. 装设避雷针原则

处于对反击问题的考虑，避雷针的安装方式可分为构架避雷针和独立避雷针两种。对于 110kV 及以上的配电装置，由于电气设备的绝缘水平较高，在土壤电阻率不高的地区不易发生反击，可采用构架避雷针，即把避雷针直接装在配电装置的构架上，这样可以节约投资，也便于布置。但在土壤电阻率大于 1000Ω·m 的地区，不宜装设构架避雷针。

为了确保变电所中重要而绝缘又较弱的设备主变压器的绝缘免受反击的威胁，装设避雷针的构架应就近埋设辅助集中接地装置。辅助接地装置与变电所接地网的连接点，离主变压器接地线与接地网的连接点之间的电气距离不应小于 15m。这样当雷击避雷针时，在接地装置上出现的电位升高，再沿接地体传播的过程中将发生衰减，经过 15m 的距离到达变压器的接地点后，其幅值已降低到不致对变压器造成反击。基于同样的理由，在变压器的门型构架上，不允许装设避雷针（线）。

对于 35kV 及以下的变电所，由于绝缘水平较低，为了避免反击的危险，不宜将避雷针装设在配电装置构架上，而应架设独立避雷针。其接地装置与变电所主网分开埋设，并在空气中及地下保持足够的距离。

规程规定，独立避雷针致配电装置导电部分及构架间的空气距离 S_k 应符合下式要求

$$S_k\geqslant 0.3R_i+0.1h$$

式中　R_i——独立避雷针的冲击接地电阻；

　　　h——避雷针（线）校验的高度。

任务6.3　评价输电线路防雷性能

【任务导航】

本任务的目的在于让学习者通过执行并完成任务来学习输电线路防雷性能的指标及其评价。创设一个学习情境，可现场对一条输电线路进行勘察，提供主要的参考资料，学习者可借助计算机等工具完成有关运算，获得足够的信息对该条输电线路进行评价。

6.3.1 准备相关技术资料

1. 相关内容

输电线路的耐雷水平和雷击跳闸率是线路防雷保护计算的主要参数，输电线路的防雷性能在工程计算中用耐雷水平和雷击跳闸率来衡量。

（1）耐雷水平。雷击线路不致引起绝缘闪络的最大雷电流幅值（kA）。

（2）雷击跳闸率。指折算为统一的条件下，因雷击而引起的线路跳闸的次数。此统一条件为每年 40 个雷电日和 100km 的线路长度，雷击跳闸率的单位是次/（100km·40 雷电日）。

2. 有关规程

《电力工程高压送电线路设计手册》和 DL/T 5092—1999《110～500kV 架空送电线路设计技术规程》。

3. 任务单

评价指定条件参数输电线路的防雷性能。

查阅输电线路设计有关资料和原始资料，认识线路防雷性能基本概念，了解线路设计中防雷部分内容，计算导线与地线耦合系数、分流系数、输电线路杆塔冲击接地电阻、杆塔等值电感、线路绝缘子串冲击放电电压等参数；计算耐雷水平、雷击跳闸率、线路跳闸率，评价线路防雷性能。

6.3.2 成立工作组

成立设计小组，选定组长，由组长分工，确定每位组员有相应任务，每位人员负责搜集一个方面的资料，力求资料系统、完整。

6.3.3 执行任务

（1）根据实际任务要求进一步查阅有关资料，根据任务单搜集并整理好资料。

（2）理解各名词含义，明确任务要求。

（3）进行有关量值计算、方案设计。

（4）按照要求进行校验。

（5）确定方案。

6.3.4 结束任务

（1）召开小组会，总结工作成果，汇报任务完成情况；各小组间互评，教师点评任务执行情况。

（2）编制任务说明书。

6.3.5 知识链接

6.3.5.1 输电线路防雷必要性

输电线路是电力系统的大动脉，它将巨大的电能输送到四面八方，是连接各个变电站、各重要用户的纽带。输电线路的安全运行，直接影响电网的稳定和向用户的可靠供电。因此，输电线路的安全运行在电网中占有举足轻重的地位，是实现"强电强网"的需要，也是向工农业生产、广大人民生活提供不间断电力的需要。

由于我国地处温带，部分地区属于亚热带气候，所以雷电活动比较强烈。漫长的输电线路穿过平原、山区，跨越江河湖泊，遇到的地理条件和气象条件各不相同，所以遭受电击的机会较多。据统计，我国电力系统各类事故、障碍统计中，输、配电线路的雷害事故占有很大的比例。由于输电线路对于保"网"的重要地位，所以如何减少输电线路的雷害事故已成为电力系统安全稳定运行的一项重要课题。

输电线路雷害事故引起的跳闸，不但影响电力系统的正常供电，增加输电线路及开关设备的维修工作量，而且由于输电线路上的落雷，雷电波还会沿线路侵入变电所。而在电力系统中，线路的绝缘最强，变电所次之，发电厂最弱。若发电厂、变电所的设备保护不完善，往往会引起其设备绝缘损坏，影响安全供电。由此可见，输电线路的防雷是减少电力系统雷害事故及其所引起电量损失的关键。做好输电线路的防雷设计工作，不仅可以提高输电线路本身的供电可靠性，而且可以使变电所、发电厂安全运行得到保障。

6.3.5.2　输电线路防雷计算

当雷云接近输电线路上空时，根据静电感应的原理，将在线路上感应出一个与雷云电荷相等但极性相反的电荷——束缚电荷，如图 6.13 所示。与雷云同极性的电荷通过电路的接地中性点逸入大地。如果雷云对地（线路附近的地）放电，或者雷击塔顶，由于放电速度很快，雷云中的电荷便很快消失，于是输电线路上的束缚电荷就变成自由电荷，分别向线路左右传播。

设感应电压为 u，当发生雷电主放电以后，由雷云造成的静电场消失，从而产生行波。根据波动方程初始条件，可知，波将一分为二，向左右传播。感应过电压是由雷云的静电感应而产生的，雷电先导中的电荷 Q 形成的静电分量及主放电时雷电流 i 所产生的电磁分量，是感应过电压的两个主要组成部分。

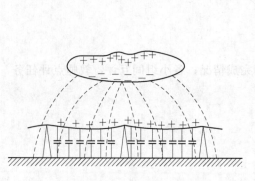

图 6.13　束缚电荷

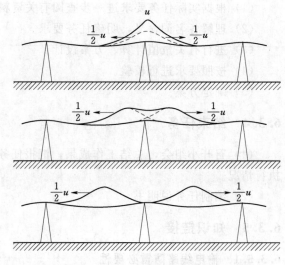

图 6.14　静电分量

1. 导线上方无避雷线

根据理论分析和实测结果，规程建议，雷击点距线路的距离大于 65m 时，感应过电压最大值

$$U = 25 \frac{Ih_d}{S} \tag{6.8}$$

式中 I——雷电流幅值，kA；

   S——雷击点与导线的水平距离，m；

   h_d——导线对地的平均高度，m。

之所以不讨论雷击点距线路距离小于 65m 的情况，是因为若雷击点距离小于 65m，通常导线将引雷直击于线路。

感应过电压一般不超 500kV，对 35kV 及以下线路可能引起闪络，对 110kV 及以上线路一般不会引起闪络。一般相间不存在太大电位差，只会引起对地闪络。

2. 导线上方挂有避雷线

设导线和避雷线的对地平均高度分别为 h_c 和 h_s，若避雷线不接地，可求得导线和避雷线上的感应过电压分别为 U_i 和 U_s，即

$$U_i = 25 \frac{Ih_c}{S}, U_s = 25 \frac{Ih_s}{S} \tag{6.9}$$

所以

$$U_s = U_i \frac{h_s}{h_c} \tag{6.10}$$

但避雷线实际上是接地的，其电位为零。为了满足这一条件，可以设想在避雷线上又叠加一个电压（$-U_s$）。而这个电压由于耦合作用，将在导线上产生耦合电压 $k(-U_s)$，k 为避雷线与导线间的耦合系数，k 值主要决定于导线间的相互位置与几何尺寸。于是，导线上方有避雷线时，导线上的实际感应过电压 U' 将为两者的叠加，即

$$U'_i = U_i - kU_s = U_i \left(1 - k \frac{h_s}{h_c}\right) = (1-k)U_i \tag{6.11}$$

说明避雷线有屏蔽作用，可使导线上的感应过电压降低；降低的程度与避雷线与导线间的耦合系数大小有关。

3. 雷击线路杆塔时导线上的感应过电压

建议对一般高度的线路，无避雷线时导线上的感应过电压的最大值 U_i 可用下式计算

$$U_i = \alpha h_c \tag{6.12}$$

式中 h_c——导线的平均高度，m；

   α——感应过电压系数，kV/m，其值等于以 kA/μs 为单位的雷电流平均陡度，即 $\alpha = I/2.6$。

有避雷线时，由于它的屏蔽作用，导线上的感应过电压将降低为

$$U' = \alpha h_d(1-k) = \frac{I}{2.6} h_c (1-k) \tag{6.13}$$

可见避雷线依然有屏蔽作用，可降低过电压。

6.3.5.3 输电线路的直击雷过电压和耐雷水平

电力系统防雷的重点是直击雷保护，它可分为无避雷线和有避雷线两种情况。

1. 无避雷线时的直击雷过电压

输电线路未架设避雷线的情况下，雷击线路的部位只有两个：雷击导线和雷击塔顶。

当雷击导线时，雷电流便沿着导线向两侧流动，假定 Z 为雷电通道的波阻抗，$Z/2$ 为雷击点两边导线的并联波阻抗（若计及冲击点晕的影响，可取 $Z=400\Omega$）。则雷击点过电压 $U_a=\dfrac{I}{2}\times\dfrac{Z}{2}=100I$。雷击导线的过电压与雷电流的大小成正比。如果此电压超过线路的耐受电压，则将发生冲击闪络。由此可得线路的耐雷水平为 $I=U_{50\%}/100$（kA）。

当雷击线路杆塔塔顶时，雷电流 I 将流经杆塔及其接地电阻流入大地。架设杆塔电感为 L_{gt}，杆塔的冲击电阻为 R_{ch}，导线悬挂点高度为 H_d，设雷电流为斜角平顶波，计及工程计算取波头为 $2.6\mu s$，则作用在绝缘子串上的电压为 $U_j=I(R_{ch}+L_{gt}/2.6+H_d/2.6)$（kV）。

由以上可知，加在线路绝缘子串上的雷电过电压与雷电流的大小、陡度、导线与杆塔高度及杆塔接地电阻有关。如果此值等于或大于绝缘子串的 50% 雷电冲击放电电压，塔顶将对导线产生反击。在中性点直接接地的电网中，有可能使线路跳闸，此时线路的耐雷水平则为

$$I=U_{50\%}/(R_{ch}+L_{gt}/2.6+H_d/2.6)\quad(kA) \tag{6.14}$$

60kV 及以下电网一般采用中性点非直接接地的方式，雷击塔顶时若雷电流超过耐雷水平，会发生塔顶对其中一相导线放电的情况。但由于工频电流很小，不会形成稳定的工频电弧，故也就不会引起线路跳闸，仍能安全送电。只有当第一相闪络后，再向第二相反击，导致两相导线绝缘子串闪络，形成相间短路时，才会出现大的短路电流，引起线路跳闸，此时，线路耐雷水平可考虑为

$$I=U_{50\%}/[(1-k_c)(R_{ch}+L_{gt}/2.6+H_d/2.6)]\quad(kA) \tag{6.15}$$

式中 k_c——两相导线间的耦合系数，影响线路耐雷水平。

2. 有避雷线时的直击雷过电压

有避雷线时直击雷击线路的部位有三种：一是雷绕过避雷线而击于导线；二是雷击塔顶；三是雷击挡距中央的避雷线。

雷绕过避雷线击于导线的过电压及耐雷水平必须先计算出绕击率 P_a。所谓绕击率就是指雷电放电绕过避雷线而击中导线的概率，一般折合为一条长度为 100km 的输电线路穿过 40 个雷电日地区，受到的雷击次数为 N，雷击中导线的次数与雷击线路总次数之比 P_a，则该线路每年受雷绕击次数 $N_1=P_aN$。

绕击率随着避雷线保护角的减小而迅速下降。模拟实验和现场运行经验表明，绕击率与避雷线对外侧导线的保护角 α、杆塔高度 h 和地形条件等有关，用下式计算。

平原线路 $$\lg P_a=\dfrac{\alpha\sqrt{h}}{86}-3.9 \tag{6.16}$$

山区线路 $$\lg P_a=\dfrac{\alpha\sqrt{h}}{86}-3.35 \tag{6.17}$$

可见山区绕击率较大，为降低绕击率，可减小保护角、降低杆塔高度。

发生绕击后线路上的过电压及耐雷水平可按无避雷线时雷击导线时的情况进行计算。

雷击塔顶时，雷电流大部分经过被击杆塔入地，小部分电流经过避雷线由相邻杆塔入地。流经被击杆塔入地的电流 I_{gt} 和总电流 I 的关系可用式 $I_{gt}=\beta I$ 表示，式中 β 表示杆塔的分流系数，小于 1。对于一般长度的挡距，β 可由手册查出。

因此，雷击有避雷线线路的杆顶时的耐雷水平 I 为

$$I=\frac{U_{50\%}}{(1-K_c)(\beta R_{ch}+\beta L_{gt}/2.6+h_d/2.6)} \tag{6.18}$$

雷击塔顶的耐雷水平与杆塔冲击接地电阻、分流系数、导线与避雷线耦合系数、杆塔等值电感以及绝缘子串的冲击放电电压 $U_{50\%}$ 有关。

工程上常采用降低接地电阻，提高耦合系数（单根改为双根，甚至增设耦合地线）作为提高耐雷水平的主要手段。

雷击输电线路挡距中央避雷线时，由于雷击点距杆塔有一段距离，由两侧接地杆塔发生的负反射需要一段时间才能回到雷击点而使该点电位降低。在此期间，雷击点地线上会出现较高的电位，这也可求得雷击点的过电压。设挡距避雷线电杆为 $2L$，雷电流取斜角波，即 $I=\alpha t$，则 $U_a=1/2L\alpha$，考虑到避雷线的耦合作用，雷击点与导线间空气间隙绝缘所承受的电压为

$$U=U_a(1-k_c)=1/2L\alpha(1-k_c) \quad (\text{kV}) \tag{6.19}$$

式中 k_c——导线与避雷线间的耦合系数。

6.3.5.4 输电线路的防雷措施

目前，输电线路防雷措施主要有以下几个方面内容。

1. 合理选择输电线路路径

大量运行经验表明，线路遭受雷击往往集中于线路的某些地段，称之为选择性雷击区，或称为易击区。线路若能避开易击区，或对易击区线段加强保护，则是防止雷害的根本措施。实践表明，下列地段易遭受雷击：

（1）雷暴走廊，如山区风口以及顺风的河谷和峡谷等处。

（2）四周是山丘的潮湿盆地，如杆塔周围有鱼塘、水库、湖泊、沼泽地、森林或灌木、附近又有蜿蜒起伏的山丘等处。

（3）土壤电阻率有突变的地带，如地质断层地带，岩石与土壤、山坡与稻田的交界区，岩石山脚下有小河的山谷等地，雷易击于低土壤电阻率处。

（4）地下有导电性矿的地面和地下水位较高处。

（5）当土壤电阻率差别不大时，例如有良好的土层和植被的山丘，雷易击于突出的山顶、山的向阳坡等。

输电线路应当在选择路径时尽量避开这些路段。

2. 架设避雷线

架设避雷线是输电线路防雷防护的最基本和最有效的措施。避雷线的主要作用是防止雷直击导线，同时还具有以下作用：分流作用，以减小流经杆塔的雷电流，从而降低杆顶电位；通过对导线的耦合作用可以减小线路绝缘子的电压；对导线的屏蔽作用还可以降低导线上的感应过电压。

通常来说，线路的电压越高，采用避雷线的效果越好，而且避雷线在线路造价中所占

的比重也越低（一般不超过线路总造价的10％）。

为了提高避雷线对导线的屏蔽效果，保证雷电不致绕过避雷线而直接命中导线，应当减小绕击率。避雷线对边导线的保护角应做得小一些，一般采用20°～30°。

对于避雷线的架设，一般有如下建议：

（1）对于330～500kV的线路，虽然线路本身的耐雷水平和绝缘水平已经很高，感应雷电压一般也不会引起跳闸，但也要求一律全线架设双避雷线，且保护角取10°～20°，主要是考虑此电压等级线路重要性高、联络性强，不能轻易跳闸，要求可靠性高。

（2）对于220kV输电线路，一般就应沿全线架设避雷线，在强雷区则要架设双避雷线，且避雷线保护角取20°。

（3）对于110kV输电线路，就需要架设避雷线了。在雷电活动轻微的地区，可以不架设避雷线，但应该有如自动重合闸等其他防雷措施；在雷电活动特别强烈的地区，则应该架设避雷线甚至双避雷线，且控制其保护角在20°～30°。

（4）对于35kV及以下线路，一般不装设避雷线；对于60kV线路，如果是在雷电活动少的路段，也可不装设避雷线。这样做一方面是为了节约线路投资，另一方面也是考虑到该等级线路绝缘水平低，耐雷水平只有20kA，雷击避雷线引起反击导线的可能性也很大，依靠避雷线来提高线路运行可靠性的作用就很小了，所以提出不装设避雷线，而是采用其他的防雷措施。

可以看出，随着线路电压等级的下降，线路的绝缘水平也随之逐级下降，避雷线的防护效果也就逐步降低，以致在很低电压时失去使用意义。因此，避雷线一般只用于输电线路中。

另外，为了使避雷线起到更好的保护作用，避雷线应在每基杆塔处接地；由于避雷线至各相导线的距离一般是不相等的，它们之间的互感就有些差别，因此，尽管在正常情况下三相导线的负荷电流是平衡的，但在避雷线上仍然要感应出一个纵电动势。如果避雷线在每基杆塔处接地，这个电动势就要产生电流，其结果就增加了线路电能损失。资料表明因避雷线接地使送电线路每年损失是相当可观的。在双避雷线的超高压输电线路上，正常的工作电流将在每个挡距中两根避雷线所组成的闭合回路里感应出电流并引起功率损耗。为了减小这一损耗，同时为了把避雷线兼作通信及继电保护的通道，可将避雷线经过一个小间隙对地（杆塔）绝缘起来。雷击时，间隙被击穿，使避雷线接地。目前我国新设计的超高压线路，一般采用绝缘避雷线以减少能耗，即避雷线是经过绝缘子与杆塔相连的，避雷线对地绝缘。避雷线虽然绝缘，但在雷击时，避雷线的绝缘在雷电先导放电阶段即可以被击穿而使避雷线呈接地放电状态，因而不会过多地影响其防雷效果。

3. 降低杆塔接地电阻

降低杆塔接地电阻，在雷击时加上避雷线的作用能够起到大幅度降压的效果，因而对高压输电线路的混凝土杆或铁塔线路，是一种行之有效的防护措施。规程对有避雷线线路的每基杆塔的工频接地电阻均按运行条件作出了规定。

如前所述，对于30～60kV的铁塔或混凝土杆线路，虽然一般加挂避雷线的意义不大，甚至于不架设避雷线，但仍然要求逐塔接地。因为这时若其中一相因雷击闪络接地后，被击相实际上就起到了避雷线的作用，这在一定程度上可以防止其他两相进一步闪络，避免进一步扩大。其接地电阻一般也不宜超过 30Ω。

4. 安装线路避雷器

在雷击跳闸率比较高（占到总跳闸次数 50％以上）的地区，为了减少输电线路因雷击而发生事故，提高供电的可靠性，可在线路雷电活动强烈或土壤电阻率很高的线段及线路绝缘薄弱处装设避雷器。一般在线路交叉处和大跨越高杆塔等处装设。

原因是装避雷器以后，当输电线路遭受雷击时，雷电流的分流将发生变化，一部分雷电流从避雷线传入相邻杆塔，一部分经塔体入地，当雷电流超过一定值后，避雷器动作加入分流。大部分的雷电流从避雷器流入导线，传到相邻杆塔。雷电流在流经避雷线和导线时，由于导线间的电磁感应作用，将分别在导线和避雷线上产生耦合分量。因而避雷器的分流远远大于从避雷线中分流的雷电流，这种分流的耦合作用将使导线电位提高，使导线和塔顶之间的电位差小于绝缘子串的闪络电压，绝缘子不会发生闪络。因此，线路避雷器具有很好的钳电位作用，这也是线路避雷器进行防雷的明显特点。

5. 架设耦合地线

在降低杆塔接地电阻有困难时，可采用架设耦合地线的措施，即在导线下方或附近再架设一条地线。它的作用主要有：加强避雷线与导线间的耦合，从而减少绝缘子串两端电压的反击电压和感应电压的分量；增加了雷击塔顶时向相邻杆塔分流的雷电流。运行经验表明，耦合地线对减小雷击跳闸率的效果是显著的，在山区的输电线路其效果更为明显。有资料表明，我国对 110kV 和 220kV 有避雷线线路采用加装耦合地线，跳闸率降低了46％，大大提高了线路的防雷性能。

6. 采用中性点非有效接地方式

多年来的运行经验表明，在电力系统中的故障和事故，至少有 60％以上是单相接地。但是，当中性点不接地的电力系统中发生单相接地故障时，仍然保持三相电压的平衡，并继续对用户供电，使运行人员有足够时间来寻找故障点并及时处理。35kV 及以下电力系统中采用中性点不接地或经消弧线圈接地的方式。这样可以补偿流过故障点的短路电流，使电弧能自行熄灭，系统自行恢复到正常工作状态，降低故障相上的恢复电压上升的速度，减小电弧重燃的可能性，使雷击引起的大多数单相接地故障能够自动消除，不致引起相间短路和跳闸。而在二相或三相落雷时，由于先对地闪络的一相相当于一条避雷线，增加了分流和对未闪络相的耦合作用，使未闪络相绝缘上的电压下降，从而提高了线路的耐雷水平和线路供电可靠性。因此，对 35kV 线路的钢筋混凝土杆和铁塔，必须做好接地措施。

考虑到 35kV 系统是中性点不直接接地的小电流接地系统，允许单相接地短路运行，那么在线路设计时，应把无避雷线部分线路尽量采用导线三角形排列方式，使最上面一相导线充当避雷线。架设避雷线的进线段，应尽量采取导线水平排列的门形杆塔，因双避雷线对雷电流有分流作用，可降低雷击杆顶的电位，使雷击跳闸率降低；若期间有单杆双杆交替，因单双避雷线的过渡点与导线由三角形排列向水平排列的过渡点在施工过程中难以保证统一，会造成导线过渡点附近的保护角过大，而增加绕击机会。同时，双避雷线在杆顶还要互相结合并分别装设接地引下线。

7. 装设自动重合闸装置

由于线路绝缘具有自恢复性能，大多数雷击造成的闪络事故在线路跳闸后能够自行消除。因此，安装自动重合闸装置对于降低线路的雷击事故率具有较好的效果。据统计，我国 110kV 及以上的高压线路重合闸成功率达 $75\%\sim95\%$，35kV 及以下的线路成功率为 $50\%\sim80\%$。DL/T 620—1997《交流电气装置的过电压保护和绝缘配合》要求："各级电压线路应尽量装设三相或单相自动重合闸。"因此，各电压等级的线路均应尽量安装自动重合闸装置。加装线路自动重合闸作为线路防雷的一种有效措施，在线路正常运行中和保证供电可靠性上都发挥了积极的作用，但应对瞬时故障加强巡视，分析和判断，并及时予以查清处理，防止给线路安全运行留下隐患。

8. 重点地段加强防雷保护措施

（1）发电厂及变电所进线段的保护。为了配合变电所内的避雷器完成正常的保护作用，必须在靠近变电所的一进线上采取可靠的防直击雷措施。进线段保护既是输电线路重点地段的防雷保护措施，也是发电厂、变电所对雷电侵入波防护的一个重要的辅助手段。

所谓进线段保护，就是指在接近变电所 $1\sim2$km 的一段线路上架设避雷线，同时对上述线路以及 110kV 以上已沿全线架设避雷线的线路，在进线段内应使避雷线的保护角度当减小，一般为 $20°$，尽量减小绕击率。并使线路有较高的耐雷水平，以减小进线段内由于绕击或反击所形成的侵入波的概率。这样就可以认为侵入变电所的雷电波主要来自进线保护段之外，在进入变电所以前必须经过进线段这一段距离。

由于受线路绝缘所限制，可以认为，所有从进线段以外来到变电所的电压波，其峰值不会超过进线段上线路绝缘的 50% 冲击放电电压。至于波前陡度，当导线受雷击或绕击时，和雷电流一样，电压波前陡度可以在很大的范围内变化；而当线路受反击时，则可能在导线上出现具有陡峭波前的电压。考虑到这一最严峻的情况，可以认为侵入波在进线段首端具有直角波前。

进线保护段的一个作用是限制雷电侵入波的陡度。在雷电过电压的作用下导线上将出现冲击电晕，从而在传播过程中使过电压的波前拉长，也就是使其陡度降低。可证明波前的拉长与波传播距离是有关系的。

进线段的另一个作用是由线路的波阻抗限制了通过避雷器的雷电流，从而也限制了避雷器的残压。通过避雷器的雷电流可计算出来，例如对 220kV 线路，侵入电压波的最大值等于线路绝缘强度 $U_{50\%}=1200\sim1400$kV，线路波阻抗 $Z=400\Omega$，采用 FZ - 220J 避雷器，并取避雷器端电压等于 5kA 下的残压，即 $U_\mathrm{f}=664$kV，由此可得通过避雷器的雷电流为 5kA 左右。但也可知进线段必须要有一定的长度，才能依靠其波阻抗来限制避雷器的电流。

图 6.15 是未沿全线架设避雷线的 35～110kV 变电所的进线保护接线图。

图中接近变电所 $1\sim2$km 的一段线路上架设

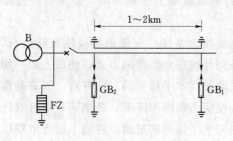

图 6.15　未沿全线架设避雷线的 35～110kV 变电所的进线保护接线

避雷线。进线段保护中避雷器 GB_1 和 GB_2 的作用，对冲击绝缘水平比较高的线路，如木杆或木横担线路，以及降压运行的线路，其侵入波幅值比较高，流过避雷器的电流可能超过规定值，这就需要在进线段首端装设 GB_1 以限制侵入波的幅值，且所在的杆塔接地电阻应降到 10Ω 以下，以减少反击。在雷雨季节，进线的断路器或隔离开关可能经常开断，而线路侧则可能带来工频电压，当沿线路有雷电波袭来到达开路的末端时，电压将上升到 $2U_{50\%}$，这时可能使断路器绝缘放电并产生工频电弧，烧毁断路器或隔离开关的绝缘部件，加装 GB_2 是为了保护断路器。但这又带来另一个问题，装设 GB_2 后而断路器又在合闸位置运行时，如果侵入波使 GB_2 动作，就要产生截波，危及变压器的纵绝缘；所以侵入波不应使 GB_2 动作，那么就应该使 GB_2 处在变电所避雷器的保护范围之内，线路断路器合闸时侵入波使所内避雷器动作而 GB_2 不动作。早期 GB_1 或 GB_2 一般使用排气式避雷器，也可用阀式避雷器或保护间隙代替，现在可用氧化锌避雷器。

对 35kV 小容量变电所，可根据供电的重要性和当地雷电活动的强弱等情况采用简化的进线保护。35kV 小容量变电所接线简单，占地面积小，避雷器与变压器的电气距离一般叫保持在 10m 以内。这样就允许有较高的侵入波陡度。进线段长度可以缩短至 $500\sim600m$。

35kV 变电所，如进线段装设避雷线有困难，或处在土壤电阻率大于 $500\Omega\cdot m$ 的地区，进线段难以达到所需的耐雷水平时，可在进线段的终端杆上装设一组电抗圈 L 以代替进线段的避雷线。

对于有电缆段的变电站，电缆与架空线的连接处装设避雷器，其接地端与电缆外皮连接，利用避雷器放电后电缆外皮与芯线互感的作用，阻止雷电流沿芯线前进，从而限制雷电流的幅值。

（2）对线路交叉跨越挡的保护。3kV 及以上同级电压线路相互交叉或与较低电压线路、通信线路交叉时，交叉挡一般采取下列保护措施。

交叉挡两端的钢筋混凝土杆或铁塔（上、下方线路共 4 基），不论有无避雷线，均应接地。

25kV 及以上电力电缆线路交叉挡两端为木杆或木横担钢筋混凝土杆且无避雷线时，应装设排气式避雷器或保护间隙。与 3kV 及以上电力线路交叉的低压线路和通信线路，当交叉挡两端为木杆时，应装设保护间隙。如交叉点距最近杆塔的距离不超过 40m，则可不在此线路交叉挡的另一杆塔上装设交叉保护用的接地装置、排气式避雷器或保护间隙。

（3）对大跨越挡的保护。大跨越的绝缘水平不应低于同一线路的其他杆塔。全高超过 40m 有避雷线的杆塔，每增高 10m，应增加一片绝缘子。避雷线对边导线的保护角，330kV 及以下线路不应大于 $20°$，500kV 线路宜小于 $15°$。当土壤电阻率大于 $2000\Omega\cdot m$，也不宜超过 20Ω。全高超过 100m 的杆塔，绝缘子数量应结合运行经验及通过雷电压过电压的计算来确定。

未沿全线架设避雷线的 35kV 及以上新建线路的大跨越段，宜架设避雷线。对新建或无避雷线的大跨越挡，应装设排气式避雷器或保护间隙。新建线路应增加一片绝缘子。

根据雷击挡距中央避雷线时防止反击或防止建立稳定工频电弧的条件，大跨越挡导线与避雷线间的距离应按避免反击及避免建立稳定工频电弧的公式进行计算，并取最小值。

以上这些防雷措施在目前的输电线路防雷设计中运用得比较多，在线路路径受地形和投资限制，选择范围不大的情况下，架设避雷线、降低杆塔接地电阻、装设避雷器、提高线路绝缘水平成为防雷设计的主要方法。避雷线、杆塔接地电阻、避雷器、线路绝缘的设计标准在各类规程和技术规范都有很详细的阐述。

在选择设计输电线路的防雷设施时，不是单一考虑绝缘强度或耐冲击电压水平，而是应按照当地的雷电活动情况、系统的中性点接地方式、输电线路的绝缘情况、有无自动重合闸或备用自投装置、负荷的重要程度等各项条件来综合考虑，并按照技术经济比较的结果作出决定采用最佳保护方案。在输电线路防雷设计中，必须紧密结合当前电力生产和建设中的课题，不断收集和积累各种数据和资料，经常总结防雷保护工作中的经验教训，提出新的更加有效的保护技术措施，制造相应的保护装置，以满足不断发展的电网要求。输电线路防雷保护工作必须一切从实际出发，要充分听取各种意见，科研、设计、施工和运行部门应紧密结合，通力协作，根据当地雷电活动情况和电力网的具体特点等，进行充分的技术经济论证，保证防雷保护的设计方案技术先进、方案合理。

任务 6.4　设计变电所避雷器保护方案

【任务导航】

本任务的目的是学会设计发电厂变电所避雷器防雷保护方案。创设一个学习情境，可现场勘察变电站主接线及避雷器安放位置；在教室、资料室查阅资料，根据任务要求，查取相关参数，利用计算机等工具，计算出指定避雷器的最大电气保护距离，从而学习在发电厂变电站内避雷器保护方案的设计。

6.4.1　准备相关技术资料

1. 主要内容

发电厂变电所内装设避雷器以限制雷电波侵入的过电压，是发电厂变电所防雷的基本措施之一。避雷器和被保护的电气设备是并联连接的，但厂、所内有很多电气设备，不可能在每台设备旁边都装设一组避雷器，一般只在变电所母线上装设避雷器，这样不可避免的是电气设备和避雷器之间就有一定的距离，正是这样一段距离，造成了当雷电波过电压时，电气设备上的电压和避雷器上的电压不相同，结果是电气设备上的电压比避雷器上的电压要高，而且距离避雷器越远电压就越高。所以电气设备与避雷器之间的距离应有一极限值，超过这个值，电气设备上遭受的电压就会超过设备所能承受的冲击电压，避雷器的保护作用也即消失，此最大距离称为避雷器的保护距离，也可称为保护范围。对于发电厂、变电所的入侵雷电波的防护设计，主要就是避雷器的安装位置的选择，其原则应该是在所有运行方式下，各电气设备与避雷器的电气距离都应小于其最大电气距离，以期得到避雷器的过电压保护。

2. 任务单

设计某变电所某一电压等级侧避雷器的保护方案。

查阅变电所该侧电气设备有关参数；了解变电所电气设备与变压器冲击耐压值大小；

查阅雷电波陡度和速度，查阅电气设备电容效应修正系数；查阅避雷器型号及参数意义；避雷器的残压；查阅变电所危险波曲线；计算避雷器最大保护距离。

6.4.2　成立工作班组

成立设计小组，选定组长，由组长分工，确定每位组员有相应任务，每位人员负责搜集一个方面的资料，力求资料系统、完整。

6.4.3　执行任务

（1）根据实际任务要求进一步查阅有关资料，根据任务单搜集并整理好资料，进一步明确任务要求。查阅变电所主接线图，查清电气设备有关参数。

（2）理解避雷器各技术参数含义，选择避雷器。

（3）选择计算、校验参数。

（4）进行有关量值计算。

（5）按照要求进行校验。

（6）确定方案。

6.4.4　结束任务

（1）小组总结会。工作小组汇报任务完成情况，教师检查；各小组间互评。

（2）编制工作任务执行情况记录表、任务说明书、计算书。

6.4.5　知识链接

变电所和发电厂是电力系统的枢纽和心脏，一旦发生雷害事故，往往导致变压器、变电机等重要电气设备的损坏，造成大面积停电，严重影响国民经济和人民生活。因此，与输电线路相比，变电所与发电厂的防雷保护必须更加可靠。如果说，一般高压线路允许每年或每几年发生一次跳闸事故的话，那么对变电所和发电厂的无雷害事故周期一般应达到百年以上。

变电所和发电厂的雷害可能来自两方面：一是雷直击于变电所、发电厂，二是雷击输电线路后产生的雷电波侵入变电所或发电厂。

对直击雷的防护一般采用避雷针或避雷线。我国的运行经验表明，凡按规程要求装设了避雷针的变电所、发电厂，防雷效果是很可靠的，绕击和反击事故率非常低。为了防止变电所、发电厂的电气设备和建筑遭受直接雷击，需要安装避雷针或避雷线。此时要求保护物体处于避雷针的保护范围之内，同时还要求雷击避雷针时不应对被保护物体发生反击。

因线路落雷比较频繁，所以沿线路侵入的雷电波是造成变电所、发电厂雷害事故的主要原因。由线路入侵的雷电波电压收到线路绝缘的限制，其峰值不可能超过线路绝缘的闪络电压。但线路绝缘水平比变电所、发电厂电气设备的绝缘水平高。例如，110kV 线路绝缘子串的 50% 放电电压为 700kV，而变压器的全波冲击实验电压只有 425kV。若不采取专门的防护措施，势必造成电气设备的损害事故。对入侵波防护的主要措施是在变电所、发电厂内安装阀式避雷器以限制电气设备上的过电压峰值，同时在变电所、发电厂的进线段上采取辅助措施以限制流过避雷器的雷电电流和降低侵入波的陡度。对于直接与架空线路相连的旋转电机，还在电机母线上安装电容器以降低侵入波陡度，以保护电机匝间绝缘和中性点绝缘不受损坏。

避雷器的安装原则：在变电所中不可能也没有必要在每个设备旁都装一组避雷器，一般只在变电所母线上安装避雷器，每段母线一组；变压器是最重要的设备，避雷器应尽量靠近变压器；避雷器与各个电气设备之间有一定距离的电气引线。由于波的折射与反射，会使作用于被保护设备上的电压高于避雷器的残压，影响了避雷器的保护效果；设备上所受冲击电压与避雷器的残压、设备与避雷器的距离有关，所以要限制残压和距离；避雷器残压与避雷器性能有关；电气距离与波陡度有关。

1. 变电所对侵入波的防护

变电所中限制从线路侵入的雷电过电压的主要措施是装设阀式避雷器。变压器及其他高压电气设备绝缘水平的确定，就是以阀式避雷器的特性作为依据的。如果避雷器和被保护的设备直接连在一起，那么，由避雷器的特性（冲击放电电压和残压）决定避雷器上的电压，也就是作用在被保护设备绝缘上的电压。但防雷实践上，不可能也没必要在每个电气设备旁边都安装一组避雷器，一般只在变电所母线装设一、两组避雷器，靠它们对变电所的所有设备提供保护。这样，避雷器与各个电气设备之间就不可避免地要沿连接线分开一定的距离——称为电气距离。当侵入波使避雷器动作时，由于波在这段距离的传播和发生折射、反射，就会在设备绝缘上出现高于避雷器断电的电压。这个所谓的距离效应将对避雷器的保护效果产生影响，为了能在变电所中正确地配置避雷器以保证收到良好的保护效果，首先要对这个距离效应加以分析研究。

2. 三绕组变压器的防雷保护

当变压器高压侧有雷电入侵时，通过绕组间的静电和电磁耦合，会使低压侧出现过电压。

双绕组变压器在正常运行时，高压与低压侧断路器都是闭合的，两侧都有避雷器保护。所以一侧来波，传递到另一侧去的电压不会对绕组造成损害。

三绕组变压器在正常运行时，可能出现只有高、中压绕组工作而低压绕组开路的情况。这时，当高压或中压侧有雷电波作用时，处于开路状态的低压侧绕组对地电容较小，低压绕组上的静电感应分量可达到很高的数值以致危及低压绕组的绝缘。由于静电分量使低压绕组三相电位同时升高，因此为了限制这种过电压，只要在任一相低压绕组出线端对地加装一台避雷器即可。如低压绕组连有 25m 以上金属外皮电缆段，则因对地电容增大，足以限制静电感应分量，可不必再装避雷器。

三绕组变压器的中压绕组虽然也有开路运行的可能性，但其绝缘水平较高，一般不采取上述限制静电耦合电压的措施。

3. 自耦变压器的防雷保护

自耦变压器除有高、中压自耦绕组外，还有三角形接线的低压非自耦绕组，以减小零序阻抗和改善电压波形。在此低压非自耦绕组上，如前节所述，为限制静电感应电压需加装一台避雷器。此外，当雷电波从高、中压绕组的一侧侵入而另一侧开路时，由于自耦绕组中振荡过程的特点，将在开路侧出现过电压。因此，自耦变压器必须在其两个自耦合的绕组出线上装设阀式避雷器。此避雷器应装在自耦变压器和断路器之间，如图 6.16 所示。

自耦变压器应对过电压的过程如下：当过电压侵入波加在高压端 A 时，绕组中各处电压分布是不同的，在中压端 A' 上出现的电压幅值与 k 有关（k 为变比），其电压可能高至令中压端套管闪络。因此在中压端与断路器之间应装设一组避雷器进行保护。

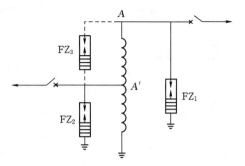

图 6.16　自耦变压器的防雷保护

当高压侧开路，中压侧端子上出现幅值为 U' 的侵入波时，绕组中高压端的稳态电压为 kU'，在振荡过程中 A 点的电位最高可达到 $2kU'$，这将危及处于开路状态的高压端绝缘。因此在高压端与断路器之间也应装设一组避雷器。

还应注意到下述情况：当中压侧接有出线时，相应于 A' 点经线路波阻抗接地。当高压侧有雷电波袭来时，雷电波电压大部分将加在绕组 AA' 上，可能使其损坏。当高压侧连有出线，中压侧进波时也有类似的情况。这种情况显然在 AA' 绕组越短（即变化越小）时越危险。因此，当变压比小于 1.25 时，在 AA' 之间还应加装一组避雷器。避雷器的灭弧电压应大于高压或中压侧接地短路条件下 AA' 上出现的最高工频电压。

4. 变压器中性点的保护

对于 110kV 及以上的中性点有效接地系统，由于继电保护的需要，可能有一部分变压器的中性点不接地运行。如果变压器中性点的绝缘不是按相线端电压设计的全绝缘（例如 110kV 变压器中性点用 35kV 级绝缘，220kV 变压器中性点用 110kV 级绝缘），需在中性点装设避雷器保护。如果变压器中性点是按全绝缘设计，但变电所为单进线单台变压器运行时，中性点也需要装设避雷器。这是因为当变压器三相进波时，中性点的过电压可达进线端电压的 2 倍。中性点避雷器的冲击放电电压应低于变压器中性点的冲击耐压，灭弧电压应大于因电网一相接地时中性点电位升高的稳态值最大可达最高运行线电压的 0.35 倍，所以变压器的中性点保护可以采用灭弧电压等于 0.4 倍系统最高运行线电压的避雷器。

对于 35kV 及以下中性点非有效接地系统的变压器中性点，一般不需要装设保护装置，但多雷区单进线变电所宜装设保护装置；中性点接有消弧线圈的变压器，如有单相运行可能，也应在中性点装设保护装置。

5. 配电变压器的防雷保护

配电变压器的基本保护措施是靠近变压器装设避雷器，以防止从线路侵入的雷电波损坏绝缘。3～10kV 配电线路绝缘低，直击雷常使线路绝缘闪络，大部分雷电流被导入地中，从而限制了侵入波以及通过避雷器的雷电流峰值。又由于避雷器就装在变压器近旁，两者之间的电压差很小，因此可以不用进线保护。

配电变压器的保护接线如图 6.17 所示。避雷器应尽量靠近变压器装设，并尽量减小连接线的长度以减少雷电流在连接线电感上的电压降。避雷器的接地线应与变压器金属外壳以及低压侧中性点连在一起接地。这样在侵入波使避雷器 FS 动作时，作用在高压侧主绝缘的就是避雷器上的残压，而不包括接地电阻上的电压降。

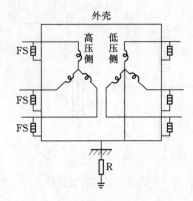

图 6.17　配电变压器的保护接线

如果只在高压侧装设避雷器，还不能使变压器免除雷害事故。因为当雷击高压绕组时，避雷器动作后产生的数值仍很大的雷电流将在接地装置上产生电压降，这一电压降在变压器绕组上所造成的电压分布，在中性点上达最大值，可能将中性点的绝缘击穿，甚至将绕组的纵向（层间或匝间）绝缘击穿。这种高压侧遭雷击，避雷器放电，由此作用于低压侧的高电位通过电磁感应又变换到高压侧的过程称为"反变换"。这个过程称为"正变换"。为了防护由于正、反变换出现的过电压，可在低压侧每相装一只避雷器（或压敏电阻，即氧化锌避雷器），如图 6.17 所示。有了低压保护装置，就限制了低压绕组上可能出现的过电压，从而保护了高压绕组。

6. 旋转电机的防雷保护

旋转电机（包括发电机、电动机、调相机等）是电力系统中重要而且昂贵的设备。其中又以发电机最为重要，一旦遭受雷击，损失重大，影响面广。另外，由于结构和工艺的特点，旋转电机的绝缘水平在相同电压等级电气设备中又是最低的。因为旋转电机不能像变压器等静止设备那样可以利用液体和固体的联合绝缘，而只能依靠固体介质绝缘。在制造过程中可能产生气隙和受到损伤，绝缘质量不均匀。在运行中受到发热、机械振动、臭氧、潮湿等因素的作用使绝缘容易老化。电机绝缘损坏的积累效应也比较强，特别在导线出槽处，电场极不均匀，在过电压作用下容易受伤，日积月累就可能使绝缘击穿。

实验表明，电机绝缘的冲击系数在开始时可达 1.25 以上，但在运行数年以后即下降到 1 左右。因此通常可取交流实验电压的峰值作为旋转电机绝缘的冲击耐压值。以额定电压 U_e 为 10.5kV 的发电机为例，其出厂工频实验电压为 $2U_e + 3kV = 24kV$（峰值），相应的冲击耐压值约为 34kV。一般规定对运行中电机的预防性试验电压取 $1.5U_e = 1.5 \times 10.5 = 15.75kV$（有效值），相应的冲击耐压值为 22.3kV。而同一电压等级的变压器冲击试验电压侧为 80kV（峰值）。我国现在用以保护旋转电机的 FCD-10 型磁吹避雷器在 3kV 下的残压值为 31kV（峰值）。由此可见，用 FCD 避雷器来保护新电机的绝缘只有不大的裕度，而对于一定时间后的旧电机就更难以得到可靠的绝缘配合。解决线路直接连接的直配电机，要采用完善的进线保护以减少母线上避雷器的电流，从而降低其残压。对于容量在 60000kW 以上的电机，不允许与架空电力线路直接连接。

防雷接线除了考虑限制电机出线端的电压峰值外，还要降低进波的陡度以限制闸间绝缘和中性点绝缘上的电压。

（1）直配电机的防雷保护。直配电机防雷保护的主要措施如下：

在电机出线处或母线上装设 FCD 型避雷器，以限制侵入波峰值，同时采取适当的进线保护措施以限制通过避雷器的电流并降低其残压。

在每相母线上装设电容器与避雷器并联。电容器的作用是降低进度波陡度以保护匝间绝缘，同时可以降低架空线路上的感应过电压。为此电容器的电容量应为 $0.25 \sim 0.5 \mu F$。

如直配电机的中性点能引出且未直接接地，应在中性点上装设阀式避雷器。阀式避雷器的额定电压不应低于电机最高运行相电压。对于中性点不能引出的电机，则应把母线上电容加大到 $1.5 \sim 2 \mu F$，以进一步降低波的陡度来限制中性点绝缘上的电压。

保护直配电机的原理性接线有三种基本类型，如图 6.18 所示。

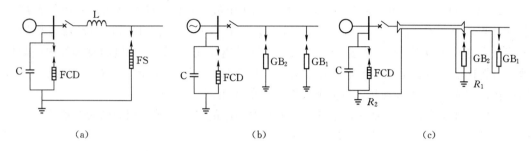

图 6.18 直配电机防雷基本接线

图 6.18（a）是在进线上装设电感器线圈 L 的保护接线。L 可以是限制短路电流用的电抗器，也可以是专门设置的防雷电抗线圈，在线圈 L 的外侧装设避雷器 FS 以限制短路电流的电抗器，由于 L 对波的正反射提高了线路侧的电压，从而加速了 FS 的动作。当 FCD 未接上时，这一电压加在 L、C 串联电路上。在电容 C 上的电压 U_2 是一衰减振荡波，振荡周期 $T = 2\pi \sqrt{LC}$，并于 $t = T/2$ 时到达最大值。由此可见，电压 u_2 的陡度与周期 T 有关。也与受 FS 所限制的电压 u_1 有关。适当选择 L 及 C 的数值，就可把 u_2 的陡度控制到所要求的限度内。在接上 FCD 后，就能进一步限制电容上电压的幅值。

图 6.18（b）是利用架空进线段的电感来代替集中电感，这一进线段的长度通常取为 $450 \sim 600 m$，应当用避雷线或避雷针作直击雷防护。与前面不同的是，这里加在线路首端的电压，除了避雷器 GB_1 上的电压降外，还包括接地电阻上的电压降。为了限制这一电压值，必须减小接地电阻。在土壤电阻率较高的地区不能满足要求时，可在进线段中间装设另一组管式避雷器 GB_2。

图 6.18（c）是具有电缆段的保护接线。长度较大（100m 及以上）的电缆段对电机防雷起着良好的作用。这主要不是由于电缆具有较小的波阻抗和较大的电容，而是由于高频电流（雷电流变化率等值频率高）的集肤效应或电缆外皮的分流及耦合作用。当侵入波使电缆首端的管式避雷器 GB_2 动作后，相当于把电缆芯和外皮连在一起并具有同样的对地电压 $u_1 = iR_1$，即流过 GB_2 的雷电流 i 在接地电阻 R_1 上的电压降。这一电压降驱使电流的大部分从外皮分流，从而减小了母线上电压以及沿电缆芯通过避雷器 FCD 的电流。更详细的分析可以指出，由于经过电缆外皮的电流所产生的磁通全部与电缆芯相连，这一磁通在外皮产生自感反电势的同时，也在电缆芯感应出相等的互感反电势。这就是说，即使在电缆芯没有电流通过时，沿电缆芯也有着同外皮一样的电感压降。这样，电机母线上的电压就远低于电缆首端的电压 iR_1，而只等于电流在电缆末端接地引线上的电感压降，再加上电缆外皮的电阻压降。如果电缆的长度足够大，而且直接埋在地中，则在通往电厂地网的途中已有相当一部分电流从外皮向地中流散，这样就可进一步降低电机母线上的电

压。当母线上避雷器动作后也就减小了流过避雷器的电流。

上述具有较长电缆段的接线可达到很高的耐雷水平。但必要的条件是要保证电缆首端的避雷器 GB$_2$ 能可靠动作，否则上述电缆外皮的分流及耦合作用就不能完成。由于波从架空线路到电缆的折射系数只等于 0.1 左右，从线路袭来的电压波到达电缆首端时由于负反射使电压降低可能令 GB$_2$ 不能动作。为了避免这种情况，可以在离电缆首端约 70m 处（1～2 个挡距）安装一组避雷器 GB$_1$，这样，当雷电波入侵时，GB$_1$ 就可能在电缆首端的负反射波尚未达到以前动作。为了增加 GB$_1$ 接地引线与导线间的耦合以限制流经导线的电流，应将其接地引下线平行架设在导线下方（距离导线 2～3m）与电缆首端外皮一起接地。当然这样的耦合远比不上电缆外皮对芯线耦合那样完全。因此，仍有必要保留 GB$_2$，以便在强雷时 GB$_2$ 相继动作，以充分发挥电缆的作用。

应用上述基本接线的原理，还可以得出其他不同的接线方式。例如同时电抗线圈和进线保护段的接线方式，可以收到最好的保护效果。

（2）经变压器连接到架空线路的电机防雷。如果发电机没有架空支配线而是经变压器连接到架空线路，则发电机可能受到的雷电过电压是经由变压器绕组传递的过电压。这一电压可分为静电耦合和电磁耦合两个分量。若变压器低压绕组到电机绕组的连线是电缆或封闭母线，由于它们有较大的对地电容，一般可使静电耦合过电压降低到对电机无害的程度。当发电机与变压器间有大于 50m 的架空母线桥或软连线时，除应有直击雷保护外，还应防止雷击附近避雷器针时产生感应过电压。为此应在电机出线上每相装设不小于 0.15μF 的电容器或磁吹避雷器。它们同时可以作为限制静电耦合过电压之用。

传递过电压电磁耦合分量的大小与变压器高压侧避雷器的特性、进波方式、变压器的变比及接线方式及电路对振荡的阻尼条件等因素有关。总的来说，经变压器耦合到电机绕组上的雷电过电压对电机绝缘的危险性较小，特别当变压器高压侧使用特性较好的磁吹避雷器保护时更是这样。但在出现某些不利因素的组合的情况下，仍有在电机绕组上出现较高的可能。运行经验也证明了这一点。因此，在多雷区，经升压变压器送电的特别重要的发电机，在其出线宜专门装设一组磁吹避雷器，以保安全。

任务 6.5 确定输电线路绝缘水平

【任务导航】

本任务创设一个教学情境，可在输电线路现场勘察，在资料室、教室查阅资料，利用各种计算工具，通过完成各项学习任务的形式，最终确定一条输电线路的绝缘水平，从而学习电力系统绝缘配合的知识。

6.5.1 准备相关技术资料

1. 主要内容

所谓绝缘配合，就是综合考虑电气设备在电力系统中可能承受的各种电压（工作电压及过电压）、保护装置的特性和设备绝缘对各种作用电压的耐受特性，合理地确定设备必要的绝缘水平，以使设备的造价、维修费用和设备绝缘故障引起的事故损失，达到经济上和安全运行上总体效益最高的目的。

绝缘配合的最终目的就是确定各种电气设备及输电线路的绝缘水平。所谓电气设备的绝缘水平，是指该电气设备能承受的试验电压值。输电线路绝缘水平的确定，主要包括绝缘子片数的确定、输电线路空气间隙的确定、塔头尺寸的确定、搭距中央绝缘的确定几个方面。

2. 相关规程

GB 50545—2010《110～750kV架空输电线路设计规范》，《电力工程高压送电线路设计手册》。

3. 任务单

(1) 确定指定电压等级绝缘子串个数。选择绝缘子种类；确定绝缘子污闪电压、湿闪电压、冲击闪络电压；确定每片绝缘子距离；确定绝缘子串泄漏比距；计算绝缘子串绝缘子个数；进行预留零值绝缘子校验；进行防湿闪校验；进行防雷校验。

(2) 线路杆塔空气间隙距离。确定工作电压、操作电压、雷电过电压；风速、风偏角；确定温度、海拔修正系数；确定导线对地、导线对导线、导线对架空地线、导线对杆塔横担的间隙。

6.5.2 成立工作班组

成立设计小组，选定组长，由组长分工，确定每位组员有相应任务，每位人员负责搜集一个方面的资料，力求资料系统、完整。

6.5.3 执行任务

(1) 根据实际任务要求进一步查阅有关资料，根据任务单搜集并整理好资料。

(2) 理解各名词含义，明确任务要求。

(3) 进行有关量值计算、方案设计。

(4) 按照要求进行校验。

(5) 确定方案。

6.5.4 结束任务

(1) 小组总结会。工作小组汇报任务完成情况，教师检查；各小组间互评。

(2) 编制工作任务执行情况记录表、任务说明书、计算书。

6.5.5 知识链接

6.5.5.1 各类绝缘子结构及主要特点

绝缘子是输电线路绝缘的主体，其作用是悬挂导线并使导线与杆塔、大地保持绝缘。绝缘子不但要承受工作电压和过电压作用，还要承受导线的垂直荷载、水平荷载和导线张力。因此，绝缘子必须有良好的绝缘性能和足够的机械性能。

输电线路用绝缘子的种类很多，它可以根据绝缘子的结构型式、绝缘介质、连接方式和承载能力大小分类。按结构型式分为盘形绝缘子和棒形绝缘子。按绝缘介质分有瓷质绝缘子、玻璃绝缘子、半导体釉和复合绝缘子四种。按连接方式分有球形和槽形两种。按承载能力大小分为 40kN、60kN、70kN、100kN、160kN、210kN、300kN、420kN、550kN 等多个等级。每种绝缘子又有普通型、耐污型、空气动力型和球面型等多种类型。

1. 盘形悬式瓷质绝缘子

盘形悬式瓷质绝缘子的电瓷质是由石英砂、黏土和长石等原料，经球磨、制浆、炼泥、成形、上釉、烧结而成的瓷件，与钢帽、钢脚经高标号水泥胶装成为帽脚式盘形悬式瓷质绝缘子。钢帽和钢脚承受机械拉力，瓷件主要承受压力，瓷件的颈部较薄，也是电场强度集中的区域。当瓷件的颈部存有微气孔等缺陷，或在运行中出现裂纹时，有可能将瓷件击穿，出现零值绝缘子，因此这种类别的绝缘子为可击穿型绝缘子。盘形绝缘子的主要优点是机械强度高，长串"柔性"好，单元件轻易于运输与施工，造型多样易于选择使用。由于盘形绝缘子属可击穿型绝缘子，绝缘件要求电气强度高；瓷绝缘子出现劣化元件后检测工作量大，一旦未及时检出可能在雷击或污闪时断串。

2. 盘形悬式钢化玻璃绝缘子

玻璃件与钢帽、钢脚经高标号水泥胶装成为帽脚式盘形悬式钢化玻璃绝缘子。其结构、外形与瓷质绝缘子十分接近，当运行中的玻璃件受到长期的机械力和电场的综合作用而导致玻璃件劣变时，钢化玻璃体的伞盘会破碎，即出现"自爆"。钢化玻璃绝缘子最显著的特点是，当钢化玻璃出现劣质绝缘子时它会自爆，因而免去了绝缘子须逐个检测的繁杂程序。

3. 棒悬式复合绝缘子

有机复合绝缘子的硅橡胶伞盘为高分子聚合物，芯棒为引拔成型的玻璃纤维增强型环氧树脂棒，制造成形的棒悬式有机复合绝缘子是由硅橡胶伞裙附着在芯棒外层与端部金具连接成一体，两端金具与芯棒承受机械拉力。就目前情况来看，芯棒与端部金具的连接方式主要有外楔式、内楔式、内外楔结合式、芯棒螺纹胶装式和压接式。复合绝缘子由于硅橡胶伞盘的高分子聚合物所特有的憎水性和憎水迁移性，使得复合绝缘子具有优良的防污闪性能。棒形绝缘子主要优点是其不可击穿型结构、较好的自清洁性能以及爬距系数（爬距与绝缘长度之比）大，在相同环境中积污较盘形绝缘子低，可获得较高的污闪电压，如爬距选择适当可有更长的清扫周期。棒形瓷质绝缘子是名副其实的不可击穿绝缘子，其缺点是单元件重搬运与安装难度大，伞群受损会危及其机械强度；棒形复合绝缘子比强度高（拉伸强度与质量之比），具有优良的耐污闪特性，另外，由于其制造装备和制造工艺相对简单，复合绝缘子产品质量较轻，因而颇受使用部门的欢迎。但存在界面内击穿和芯棒"脆断"的可能，而且有机复合材料的使用寿命和端部连接区的长期可靠性尚未却确定。

4. 长棒形瓷质绝缘子

长棒形瓷质绝缘子为实心瓷体，采用高铝配方的 C-120 等高强度瓷，因而其机电性能优良。烧制成的瓷材，除了有较高的电气性能之外，力学性能有了大幅的提高。长棒形瓷质绝缘子仅在瓷体两端才有金具，几乎不含有任何内部结应力，因而其机电应力被分离。它的结构特点改变了传统的瓷件受压为抗拉，使得金具数大为减少，输电损耗降低，也降低了对无线电和电视广播的干扰。其外形可使自洁性能提高，不仅在单位距离内比盘形绝缘子爬电距离增加 1.1～1.3 倍，同时可有效利用爬电距离，其最大特点是属不可击穿型绝缘结构。

很明显，除防污闪要求外，绝缘子的选择应主要取决于其损坏率，而损坏率主要决定于制造厂。500kV线路和重要电源线和联络线更应优先使用高质量的绝缘子。各类型绝缘子简单对比如下：

（1）盘形瓷质绝缘子。闪络电压是比较高的，但耐污差，其中双伞型可改善自清洁性能，调整爬电距离方便，易人工清扫，但检"零"麻烦。对于鸟害需采用防护措施，所以维护工作量较大。

（2）盘形玻璃绝缘子。闪络电压高，耐污也差，其中防雾型可提高耐盐雾性能，调整爬电距离也方便。基本不存在劣化，检"零"方便。但清扫周期短、工作量大。

（3）棒形瓷质绝缘子。因装招弧角，闪络电压低，不会发生元件自损坏与击穿。耐盐雾性能差，不能调整爬电距离；不存在劣化，易损坏，可能导致棒断裂。人工清扫周期长。

（4）棒形复合绝缘子。闪络电压略低，装均压环一般可使绝缘子免受电弧灼伤。表面憎水性、耐污闪性能好，一般不需调整爬电距离。但存在硅橡胶老化速率快的问题，其取决于生产技术水平和使用条件。维护简便，缺陷检测困难，不易损坏。

（5）半导体釉绝缘子。闪络电压高，也会出现"零值"，也可能发生元件破损。潮湿条件下保持表面干燥，耐污闪性能好，但易损坏，维护简便，检"零"麻烦。

6.5.5.2 绝缘子运行状况

由于瓷、玻璃及复合绝缘子在材料选取、结构设计以及制造工艺等各方面的差异，其运行性能也各不相同。经长期运行，由于外在和内在的各种影响因素作用，会出现影响线路安全运行的各种问题。总结并分析各种绝缘子的运行状况并针对不同问题进行特性比较，择优选取，才能解决运行实践中的突出问题。

1. 劣化老化问题

复合绝缘子的故障率较国产瓷绝缘子的劣化率及玻璃绝缘子的自爆率低，国产瓷绝缘子的年劣化率约为千分之一，玻璃绝缘子的自爆率约为万分之几。目前，从运行情况来看，复合绝缘子的运行可靠性较瓷、玻璃绝缘子好，但随着运行时间的增加，有机材料的老化劣势将逐步突出。一是伞裙材料的老化将会降低防污性能及电气绝缘性能，二是芯棒多年运行后因芯棒蠕变特性将降低机械强度，并暴露出端部金具连接中的问题。而且，由于国内不少产品是楔接式，在长期的运行中可能出现微量滑移，使密封胶开缝，在金具端部强电场的作用下，导致加速老化。

2. 使用寿命问题

玻璃绝缘子具有零值自爆的特性，自爆原因一是来自制造过程中玻璃中的杂质和结瘤，若杂质和结瘤分布在内张力层，在产品制成后的一段时间内，部分会发生自爆。所以制造单位在产品制造后应存放一段时间，以便发现制造中存在的质量隐患。若杂质或结瘤分布在外压缩层，在输电线路上运行一段时间后，遇到强烈的冷热温差和机电负荷作用下，有可能引发玻璃绝缘件自爆。另外，运行中玻璃绝缘子在表面的积污层受潮后，在工频电压作用下会发生局部放电。由局部放电引起的长期发热会导致玻璃件绝缘下降，引起零值自爆。所以在污秽严重地区运行的玻璃绝缘子其自爆率会有所增高。但是，玻璃绝缘子的自爆率不同于瓷绝缘子的劣化率和有机复合绝缘子的老化率。玻璃绝缘子的自爆率属早期暴露，随着运行时间的延长，自爆率呈逐年下降趋势，而瓷绝缘子的劣化率属后期暴露，随着时间延长，在机电联合负荷的作用下，其劣化率会逐渐增加。复合绝缘子由于有机材料本身的老化特性，其老化率及劣化率会随着时间增大，国外一般认为玻璃绝缘子和瓷质绝缘子的老化寿命为50年左右，而复合绝缘子的老化寿命不超过25年。

3. 绝缘子检测问题

瓷绝缘子由于瓷件与钢帽、水泥黏合剂之间的温度膨胀系数相差较大，当运行中瓷绝缘子在冷热变化时，瓷件会承受较大的压力和剪应力，导致瓷件开裂，而且瓷绝缘子的瓷件存在剥釉、剥砂、膨胀系数大等问题，受外力作用时，会产生有害应力引起裂纹扩展。瓷绝缘子的劣化表现为头部隐形的"零值"和"低值"，对零值或低值瓷绝缘子，必须登杆进行逐片检测，每年需花费大量的人力和物力。由于检测零值和劣质的准确度不高，即使每年检测一次，也会有相当数量的漏检低值绝缘子仍在线路上运行，导致线路的绝缘水平降低，使线路存在着因雷击、污秽闪络引起掉串的隐患。玻璃绝缘子有缺陷时伞裙会自爆，只要坚持周期性的巡检，就能及时发现和更换。复合绝缘子的在线检测在目前还缺乏适当的检测装置及方法，在国内外都是一个正在研究的课题。由于复合绝缘子是棒形结构，一旦失效，对线路的影响将大于由多个绝缘子组成的绝缘子串。

4. 机电破坏强度问题

机电破坏负荷试验是检测绝缘子运行特性的一项重要指标。机电破坏负荷试验结果差的产品，随着运行时间的增加，其机械强度会呈现逐渐降低的趋势。对在线路上运行年限不同的瓷质绝缘子、玻璃绝缘子进行机电性能对比试验，发现部分瓷质绝缘子在运行15～25年后，试验值已低于出厂试验标准值，不合格率随运行年限增加。而玻璃绝缘子的稳定性和分散性要好于瓷质绝缘子。对瓷质和玻璃绝缘子进行高频振动疲劳试验，试验结果表明振后玻璃绝缘子的机电强度变化不大，而振后瓷质绝缘子的机电强度明显下降。这一方面是因为国产瓷质绝缘子厂家较多，由于材质及制造工艺等方面的因素，造成产品质量分散性大。另一方面，由于瓷质绕结体是不均匀材料，在长期的运行过程中，受各种机械冲击力、振动力的作用，可能对瓷体造成损失，导致力学性能下降。从目前国内外瓷质绝缘子运行记录来看，国产瓷质绝缘子水平与国际水平尚存较大差距。

复合绝缘子在运行若干年后取下进行机械强度试验，发现存在程度不同的机械强度下降问题。有的是芯棒在额定机械负荷下出现滑移，有的是芯棒从端部金具中脱出，有的是出现断裂。分析其原因：一是由于端部连接的结构和工艺存在问题；二是由于芯棒蠕变特性及材料老化问题。在长期的运行中，由于受大气环境、电场、机械力等因素的联合作用，芯棒中的玻璃纤维会产生机械疲劳，环氧树脂材料会老化，端部金具和芯棒连接配合亦会出现松动，因此，生产单位应在金属端头与芯棒的连接工艺上严格把好质量关。同时对于运行中复合绝缘子的机械强度应采取定期监测措施，结合运行年限的长短，比较机械强度的下降速率，防患于未然。

另外，国内外复合绝缘子在运行过程中已发生多起脆断事故，脆断通常发生在绝缘子导线端的金具连接处附近，产生脆断的原因是水介质中的酸长期缓慢腐蚀芯棒截面造成的。当芯棒剩余截面无法承受外部机械负荷时则出现断裂。要防止复合绝缘子在运行中脆断，一是要提高端头密封质量，防止出现缝隙；二是要防止硅橡胶护套出现局部缺陷和表面损伤；三是要改善端部电场的分布。事实上，凡是发生脆断的复合绝缘子大多是在制造过程中存在缺陷或在运输、安装、运行中护套材料受到损伤的绝缘子。因此，在投入运行前应对绝缘子进行仔细检查，将存有缺陷的绝缘子在投入电网运行前予以剔除。

5. 绝缘子运行故障及事故评价

线路用绝缘子是输电线路的主要绝缘支撑部件，其运行可靠性、使用寿命、维护工作量均为线路绝缘子选择时需要综合考虑的主要因素。从（1999—2003 年）线路绝缘子运行的状况统计数据来看，由于绝缘子的原因而导致线路故障近百次，其中由于复合绝缘子的原因占 48%；由于瓷质绝缘子的原因占 33%；由于玻璃绝缘子的原因占 19%。复合绝缘子和瓷质绝缘子均发生了掉串甚至导线落地事故，这对线路的安全运行构成了极大的威胁，因此，在绝缘子的运行可靠性、使用寿命、维护工作量这几类特性中，运行可靠性显得格外重要。故在今后线路绝缘子选择时，应将绝缘子的运行可靠性放在首位，然后再考虑其他几类特性。

6.5.5.3 绝缘子电气性能对运行特性的影响

1. 防雷特性

在采用瓷质、玻璃绝缘子的输电线路中，雷击故障约占故障总数的 50%，在全国复合绝缘子的故障统计中，雷击故障约占 55%。雷击故障次数与雷电活动次数成正比，主要发生在雷电活动频繁的地区。

根据运行情况发现，与瓷质、玻璃绝缘子相比较，复合绝缘子的耐雷性能较差。特别是在 110kV 及以下电压等级的输电线路中显得较为突出。实际上，与瓷质、玻璃绝缘子相比较，复合绝缘子在耐雷方面也有优势的一面，复合绝缘子不会发生瓷质绝缘子难以避免的零值、低值和玻璃绝缘子的伞裙自爆，因而不致因零值或低值绝缘子降低整串绝缘子的耐雷水平。不利的一面是由于复合绝缘子伞裙直径较小，因而对同一高度来说，其干弧距离总是略小于瓷质和玻璃绝缘子。一般来说，绝缘子串的总长度越小，直径对闪络的影响越明显。另外，运行情况表明：由于复合绝缘子上下端均压环间或接头端头与导线端均压环间的空气间隙偏小，等效于降低了复合绝缘子的有效绝缘长度而造成雷击闪络电压降低。一般来说，装有均压环的复合绝缘子，空气间隙减少 15～20cm 或更多。产生下降的原因是雷击放电总是选最短的路径、最易于空气击穿的途径发生。当均压环之间的空气间隙伏秒特性曲线低于绝缘子表面的闪络伏秒特性曲线时，放电就首先选择在空气间隙中发生。当然，有利的一面是，当间隙偏小时，两端的均压环同时具有招弧作用也可起到保护绝缘子的功能。由于它使雷击闪络不在绝缘子表面而在两均压环间的空气间隙中发生，两招弧角间的雷电冲击放电电压为绝缘子串雷电冲击放电电压的 85% 左右，因此防止了放电电弧对硅橡胶表面及端部连接金具的烧蚀，大大减小了零值和劣质绝缘子的发生概率。仅从绝缘子的保护来说，两端配置均压环比仅在导线端配置均压环要好。若只在高压端配置均压环，显然不能将电弧完全从绝缘子表面引开。根据运行经验，在发生雷电闪络后，凡复合绝缘子两端均配置有均压环的，绝缘子表面仍保持完好，仅有局部伞裙发白。仅在导线端安装了均压环的，有的伞裙烧损严重，塔侧的金具也被烧蚀。而两端均未装均压环的则两端金具及伞裙均有烧蚀现象，需要更换。

对复合绝缘子的憎水性试验进一步说明，遭雷击闪络但无烧损的绝缘子仍保持较好的憎水性，但有明显烧蚀痕迹的绝缘子，其憎水性能则大大降低，意味着其耐污能力也将大大下降。因此，综合考虑耐雷水平和绝缘子的保护这两个方面，不应该仅因耐雷水平不能降低而取消均压环，应该适当增加绝缘子高度，特别是在雷电活动密集区和雷电易击点，所使用的复合绝缘子更应适当加长，使装配均压环后的空气间隙及放电距离不致减小。装设均压环的另一个好处是使绝缘子串的电场分布更趋均匀，不仅可减缓在长期工作电压下，因局部高场强引发局部放电而造成绝缘子的老化或劣化，而且在同一放电距离下，可因电场均匀而使得放电电压提高，从而提高雷击闪络电压。从运行及试验情况来看，均压环的结构和加工工艺，对放电电压也有一定影响。均压环局部有尖端或因结构不合理形成局部的高场强也会起到降低雷击放电电压的作用。

从运行情况来看，复合绝缘子的雷击闪络大多可重合成功，这是因为复合绝缘子属不可击穿结构，当放电在空气中发生时，不会对绝缘性能产生不可逆影响，属可恢复型绝缘，而瓷绝缘子在雷击放电时可能发生内击穿，严重时可能在强大的工频电弧电流作用下发生爆炸，这种情况属不可恢复型绝缘。另需说明的是：复合绝缘子的防污性能是源于其外绝缘材料的特性，防雷性能则与外绝缘材料无关，只与其两端间隙距离及电极形状有关。距离越大，电场越均匀，其雷击放电水平就越高。

2. 防污特性

刚出厂的复合绝缘子憎水性一般达Ⅰ、Ⅱ级，比瓷质、玻璃绝缘子（Ⅴ级）的憎水性好得多。而复合绝缘子之所以具有良好的防污性能是因为其伞盘材料（高温硫化硅橡胶）的憎水性和憎水迁移性。

对运行中的复合绝缘子而言，如果一直维持较高的憎水性和憎水迁移性，可认为它是性能优良的复合绝缘子。然而，许多复合绝缘子在运行若干年，甚至一段时间以后，其憎水性完全丧失或部分丧失。丧失了憎水性的复合绝缘子，其防污性能及水平还不如普通的瓷质、玻璃绝缘子。因为复合绝缘子相对瓷质与玻璃绝缘子而言，其伞裙外形不太合理，大伞裙与小伞裙间距过小，易使相邻伞裙间局部爬电距离被空气放电短路和发生伞裙间飞弧短接现象，使其有效爬电距离减小，污耐压水平大为降低。

复合绝缘子在输电线路的使用，被作为一种防污对策毋庸置疑，但是能长期使用、可靠性高、自洁性能好、爬距有效系数大的瓷质绝缘子则更为人们所青睐。如三伞悬式绝缘子为外伞型，由于外伞型的伞盘下部无伞棱，由自然的风、雨所带来的自洁效果明显，因此污秽物附着量少，其污秽耐受电压有了较为明显的提高，我国输电线路用绝缘子所采用的瓷质、钢化玻璃和复合绝缘子都有相当的份额，大约各占1/3。输电线路用任何一种优质绝缘子都不能说适用于所有自然环境和特性，即对多雷区、重污区、重冰区、潮湿区、风沙区、干旱区均能适用。而应针对不同的自然环境和特点以及输电线路的电压等级和重要程度并根据绝缘子的特性对绝缘子进行选择。输电线路用绝缘子应朝着高可靠性、高污耐压、机电破坏值分散性小的方向发展，伞盘材料配方优良端部金具压接稳定的复合绝缘子、高强度长棒形瓷绝缘子、超防污型盘形悬式瓷绝缘子以及自爆率低的钢化玻璃绝缘子均可在输电线路的安全稳定运行中发挥重要作用。

6.5.5.4 绝缘配合

绝缘配合要综合考虑电气设备在电力系统中可能承受的各种电压（工作电压及过电压）、保护装置的特性和设备绝缘对各种作用电压的耐受特性，合理地确定设备必要的绝缘水平，以使设备的造价、维修费用和设备绝缘故障引起的事故损失，达到在经济和安全运行上总体效益最高的目的。

绝缘配合的最终目的就是确定电气设备的绝缘水平，可用 1min 工频耐压实验来对电气设备进行试验，该值代表了绝缘对雷电、操作过电压的总的耐受水平，只要设备能通过工频耐压实验，就认为该设备在运行中遇到大气、内部过电压时，都能保证安全。架空送电线路的绝缘配合设计就是要解决杆塔上和挡距中央各种可能放电途径（包括杆塔、导线对避雷线、导线对地、不同相导线间）的绝缘选择和互相配合的问题，包括以下内容：

杆塔上的绝缘配合设计：就是按正常运行电压（工频电压）、内过电压（操作过电压）及外国电压（雷电过电压）确定绝缘子型式及片数以及在相应风速条件下导线对杆塔的空气间隙距离。

挡距中央导线及避雷线间的绝缘配合设计：就是根据操作过电压及雷电过电压的要求，确定导线对地及对各种被跨越物的最小允许间隙距离。对超高压线路，除按此项要求考虑对地最小允许间隙距离外，尚应满足地面静电场强影响所需对地最小允许间隙距离要求。

挡距中央不同相导线间的绝缘配合设计：按正常运行电压并计及导线振荡的情况，确定不同相导线间的最小距离。

1. 绝缘子串片数的选择

在正常运行电压作用下，绝缘子应有足够的机电破坏强度。也就是说，应按线路运行电压、绝缘子的允许机电荷载及拟承受的外荷载（如导线荷载），并考虑一定的安全系数来选择绝缘子的型式。

在正常运行电压作用下，绝缘子应具有足够的电气绝缘强度。这是因为在正常工频电压作用下，特别是在绝缘子表面积有一定的污秽时，有可能沿绝缘子串表面发生闪络。为了防止这类故障所需的电气绝缘强度，通常以绝缘子串的泄漏比距来表示。根据所需要的泄漏比距，并根据所选的绝缘子串单片泄漏距离数值即可确定所需绝缘子片数。

绝缘子串还应能耐受操作过电压的作用，及绝缘子片数的选择尚应满足操作过电压的要求。耐张绝缘子串的电气强度应略高于悬垂绝缘子串，同一电压等级的耐张绝缘子串应比悬垂绝缘子串多 1～2 片。

一般不按雷电过电压的要求来选择绝缘子串的绝缘强度，而是根据已选定的绝缘水平（即按工频电压及操作过电压所确定的绝缘子型式及片数）来估计线路的耐雷性能。在个别高塔、大跨越，需要提高耐雷水平的情况下或个别高接地电阻杆塔，才能适当考虑耐受雷电过电压的需要，酌量增加绝缘子片数。

2. 选择绝缘子串的原则

（1）我国绝缘子市场已走向多元化，应根据使用条件选择合适的类型。

（2）除防污闪要求外，绝缘子的选择还要看损坏率高低，而损坏率主要取决于生产制造水平，当然也有使用条件的影响。

（3）在满足现有杆塔设计要求的前提下，0～2级污秽地区可使用优质瓷质和玻璃绝缘子，3级和3级重污秽地区应使用复合绝缘子。

（4）使用瓷质和玻璃绝缘子（含棒形）时，应尊重以往运行经验，同时注意同类自然环境、同类气象条件地区的使用效果。内陆地区宜使用双伞形绝缘子；沿多盐雾的海岸线可使用防雾型绝缘子。

（5）推广使用合成绝缘子，其防污性能比普通绝缘子要好得多，而且质量轻、体积小、抗拉强度高、制造工艺比瓷绝缘子简单等。由于玻璃绝缘子或合成绝缘子良好的耐污性能为污秽地区的安全供电提供了可靠保证，而且无须零值检测等性能，切实起到了较少线路运行维护工作量的作用。

3. 塔头空气间隙和绝缘的选择

（1）塔头空气间隙选择的一般原则，是在考虑绝缘子风偏后，带电体与塔构件的空气间隙在正常运行电压情况下，应能耐受住最高运行电压及在一定概率条件下可能出现的工频过电压的作用；在雷电过电压情况下，对非污秽区而言，其耐压程度应与绝缘子串的耐压强度相匹配。

（2）塔头绝缘选择还取决于外绝缘（空气间隙和绝缘子串）的放电电压，它和大气状态（气压、温度、适度）有关，这主要是由于空气密度和适度对外绝缘放电电压的影响所致，即外绝缘的放电电压随着空气密度或适度的增加而升高，但当相对湿度超过80％时，特别是当闪络发生在绝缘表面时，放电电压的分散性变得很大。

6.5.5.5　加强线路绝缘

由于输电线路个别地段需采取大跨越高杆塔（如跨河杆塔），这就增加了杆塔落雷的机会。高塔落雷时塔顶电位高，感应过电压大，而且受绕击的概率也比较大。在高海拔地区和雷电活动强烈地段，也存在这样的情况，为了降低线路跳闸率，可在高杆塔上或特殊地段增加绝缘子串片数，加大大跨越挡导线与底线之间的距离，以加强线路绝缘。在35kV及以下的线路可采取瓷横担等冲击闪络电压较高的绝缘子来降低雷击跳闸率。增加绝缘子片数，导致塔头间隙相应增大，增加塔头尺寸和绝缘费用。

线路采用不平衡绝缘方式。现代高压和超高压输电线路中，采用同杆并架双回路的日益增多。为了降低雷击时双回路同时跳闸的概率，通常的防雷措施无法满足要求时，可以考虑采取不平衡绝缘方式，亦即是一个回路采用正常绝缘，另一个回路适当增加绝缘。这样，雷击时，绝缘子片数少的回路先闪络。这样，闪络后的导线相当于地线，增加了对另一回路导线的耦合作用，使其耐雷水平提高，从而保证线路继续送电。

项 目 小 结

本项目有5个工作任务，分别是测量接地装置阻抗、设计避雷针布置方案、评价输电线路防雷性能、设计变电所避雷器保护方案、确定输电线路绝缘水平。通过完成工作任务，应能认识雷电的形成机理，雷电的效应；雷电对电力系统的影响，雷电主要通过直击雷、感应雷、侵入波的形式造成雷害；发电厂、变电站等电气设备集中场所的防雷措施主要是布置避雷针，输电线路的防雷措施主要是避雷线，对于侵入波的防护则通过进线段防护及布置避雷器，还有如重合闸、耦合地线等其他防雷措施。接地装置是防雷措施的重要组成部分，接地电阻的大小又是衡量接地装置性能的主要参考指标，介绍使用接地电阻测量仪测量接地电阻的方法及作业流程；介绍了计算避雷针保护范围的折线法和滚球法，介绍了评价输电线路防雷性能的主要指标耐雷水平和雷击跳闸率的计算方法，介绍了绝缘配合的概念和线路绝缘子的有关计算。

习 题

1. 雷电是怎么形成的？雷电有什么效应？通常用什么参数评价雷电？
2. 雷电是怎样影响电力系统的？
3. 电力系统有哪些防雷装置和防雷措施？
4. 如何计算避雷针的保护范围？计算避雷针保护范围的方法有哪几种？有什么不同？
5. 怎样测量避雷针接地电阻？
6. 输电线路的绝缘水平怎么确定？怎么评价？

参 考 文 献

[1] 沈其工，方瑜，周泽存，等．高电压技术（第四版）．北京：中国电力出版社，2012.

[2] 周泽存，沈其工．高电压技术（第三版）．北京：中国电力出版社，2007.

[3] 周泽存，沈其工．高电压技术（第二版）．北京：中国电力出版社，2004.

[4] 唐兴祚，沈其工．高电压技术．重庆：重庆大学出版社，2003.

[5] 刘吉来，黄瑞梅．高电压技术（第二版）．北京：中国水利水电出版社，2012.

[6] 赵智大．高电压技术．北京：中国电力出版社，1999.

[7] 邱毓昌．高电压工程．西安：西安交通大学出版社，1996.

[8] 李景禄．高压电气设备试验与状态诊断．北京：中国水利水电出版社，2008.

[9] 单文培．电气设备试验及事故处理实例．北京：中国水利水电出版社，2012.

[10] 范辉．电气试验．北京：中国电力出版社，2010.

[11] 徐敏骅．电气试验．北京：中国电力出版社，2011.

[12] 周武仲．电力设备维修诊断与预防性试验．北京：中国电力出版社，2008.

[13] GB 50150—2006　电气装置安装工程　电气设备交接试验标准．北京：中国计划出版社，2006.

[14] DL/T 596—1996　电力设备预防性试验规程．北京：中国电力出版社，1996.

[15] GB 26860—2011　电业安全工作规程　发电厂和变电站电气部分．北京：中国标准出版社，2011.

[16] GB 26861—2011　电业安全工作规程　高压试验室部分．北京：中国标准出版社，2011.

[17] DL/T 474—2006　现场绝缘试验实施导则．北京：中国电力出版社，2006.